엄마!
우리 어디 가?

1. 도로명 주소로 통일했으나 건물이 없는 공원의 경우는 도로명 주소가 설정되어 있지 않아 지번으로 표시했습니다.
2. 대체로 아이가 더 어릴 때 방문하기 좋은 곳부터 순서대로 장소를 배열했습니다.
3. 아이가 어리면 차로 이동하는 경우도 많아서 주차정보를 따로 정리했습니다. 나들이 장소에 주차장이 없는 경우에는 인근의 주차장을 소개했습니다.
4. 개별적으로 소개한 장소를 제외한 박물관 정보는 부록에 따로 담았습니다.

엄마! 우리 어디 가?

문화라, 최호경 지음

북하우스

삶의 풍성한 즐거움을
깨닫게 해주는 나들이

가까운 곳부터 먼 곳까지 지난 몇 년 동안 참 많은 곳을 다녔습니다. 늦은 나이에 아들 쌍둥이를 낳고 육아도 힘들었지만, 아이들이 점점 자라면서 에너지가 넘치는 사내아이들을 집에서 데리고 있기가 더 힘들더군요. 아이들이 걸음마를 떼자마자 무조건 밖으로 나갔습니다. 처음엔 두 아이를 데리고 집 앞 놀이터에 나가는 것조차 버거웠습니다. 한 번 나가려고 하면 어느새 짐이 가득이고, 외출 준비하는 동안 둘이서 번갈아가며 어지르거나 싸우기라도 하면 나가기도 전에 진이 빠져버리기도 했지요. 밖에 나가서도 아이가 갑자기 떼를 써서 난감했던 적도 있었고, 예상치 못하게 다치는 일도 있었습니다.

그런데 어느 순간부터 아이들과의 나들이가 엄마인 내게도 즐겁고 기분 좋은 일이 되기 시작했습니다. 분명 예전에 와봤던 곳인데 그때는 보지 못했던 것들이 아이를 통해 새롭게 눈에 들어오더군요. 아이와 같이 동심으로 돌아가기도 하고, 집에서였다면 나누지 않았을 이야기를 함께 나누는 즐거움도 컸습니다. 한참 후 아이들이 그 장소와 관련된 것들을 다시 접했을 때, 기억의 주머니에서 하나둘 조각들을 꺼내놓는 모습도 마냥 신기했습니다. 같은 곳을 다시 찾았을 때 예전과는 다르게 쑥 자라 있는 아이들을 보는 느낌도 남달랐고요.

그 후로는 해가 좋으면 햇살이 좋아서, 더우면 더우니까 물놀이, 가을엔 무조건 단풍구경, 눈이 오면 눈놀이를 하러 아이들을 이끌고 집을 나섰습니다. 이 모든 게, 사실 집에 있으면 엉덩이가 들썩거리는 엄마 때문이긴 했지만, 그렇게 쌓인 추억들을 하나씩 꺼내보면 입가에 먼저 웃음이 지어집니다. 힘들었던 것은 잠시이고, 아이들과 그렇게 보낸 시간들이 진심으로 즐겁고 행복했기 때문입니다.

그렇게 사시사철 나가서 놀았던 우리 아이들은 이제 어디에 내놓아도 잘 노는 아이들이 되었습니다. 장난감이 없으면 없는 대로 그 자리에서 장난감을 찾기도 하고 만들기도 합니다. 숲속에서 화석을 찾자며 땅속에 묻힌 돌을 파내기도 하고, 벌레 만지는 것을 두려워하지 않고, 녹아가는 눈덩이를 가지고 축구시합을 하기도 해요. 손이나 옷이 더러워지는 것 또한 겁내지 않지요. 덕분에 어딜 가더라도 늘 여벌옷을 챙겨 다니느라 여전히 짐가방이 무겁고 가끔은 힘겹지만, 이 시간이 이제 얼마 남지 않았다는 생각을 하면 이쯤이야 싶기도 합니다. 무엇보다 어떤 새로운 곳을 가게 되거나 처음 해보는 일을 앞두고 기대감과 호기심에 아이들의 눈빛이 반짝반짝해지는 걸 보면 이것이야말로 나들이가 준 값진 선물이 아닐까 싶습니다.

기저귀도 떼고, 이유식도 떼고, 무언가를 알기 시작하여 호기심이 충만해지는 나이인 3살 이후가 되면 아이도 엄마도 밖으로 눈을 돌리게 됩니다. 육아에 지친 엄마에게는 주말 나들이가 활력이 되고, 주중에 아이를 보기 힘든 직장맘에게는 아이한테 온전히 할애하는 시간이 되기도 하지요. 사실 이 시기는 자기 마음대로 뛰어다니다가 자칫하면 다치는 경우가 많은지라 아이들을 데리고 다니기 쉽지 않은 때임에도 가장 의욕적으로 밖으로 나서는 시기이기도 합니다. 그렇기에 이 시기의 나들이는 아이도 재미있어해야 하지만, 부모도 힘들지 않아야 합니다.

이 책에서는 아이들의 호기심을 충족시킬 수 있는 곳, 아이들이 어떤 것으로부터도 방해받지 않고 탐색할 수 있는 곳, 그리고 아이들과의 나들이가 조금 덜 힘들 만한 곳부터 골라 소개했습니다. 그리고 무엇보다 그곳에서 아이들과 어떻게 시간을 보내는 것이 좋은가에 대해 이야기하고자 했습니다. 더 많은 곳을 소개할까 하는 의견도 나누었지만, 많은 장소가 중요한 것은 아니라는 결론을 내렸지요. 많은 곳을 다니면 아이의 경험이 풍부해지고 기대 이상의 학습 효과를 가져올지도 모르겠습니다만, 아이에게 가장 중요한 것은 엄마, 아빠와 그곳에서 나눈 추억이 아닐까 싶어요. 엄마, 아빠와 함께 자연에서 즐거웠던 기억은 아이의 정서를 한껏 풍요롭게 해줄 것이라고 믿습니다.

더불어 나들이 장소별로 함께 읽으면 좋은 책들도 소개했습니다. 권장도서나 저희 아이들이 읽으며 좋아했던 책들 중에서 나들이 장소와 관련된 책들을 묶어보았어요. 아이들과 함께한 추억을 다시 나누는 마음으로 같이 읽어보면 좋을 것 같습니다.

이 책을 기획하고 쓰기 시작한 이후로 벌써 3년이 지났습니다. 아이들이 초등학생이 되고 보니 예전만큼 나들이 다닐 마음의 여유도 시간도 없더군요. 아직은 더 많은 시간을 아이들과 보내야 할 시기라고 생각하지만 그렇지 못한 현실이 가끔은 슬퍼집니다. 다가올 여름방학엔 아이들과 더 열심히 놀아야겠다고 다짐해봅니다.

2016년 5월

문화라, 최호경

PART 1 자연 속에서 마음껏 뛰어노는 오감 만족 나들이

PART
3 나들이 필수 코스
놀이공원, 동물원, 수족관 알차게 즐기기

즐거운 나들이를 위한 열 가지 팁

1. 나만의 특별 아지트를 만들어놓자

휴일이면 아이는 나가자고 하는데 사람 많은 데 가는 것은 자신이 없다면, 나만 알고 있는 나들이 장소를 가보자. 우리 가족의 비밀 아지트는 내가 다니던 대학 캠퍼스였다. 그곳엔 작은 규모의 자연사 박물관이 있었는데 근처에 사는 주민들만 오는 곳이라 토요일에 가면 다른 곳에 비해 사람이 적었다. 내 주변의 장소들을 떠올려보자. 특별한 장소가 숨어 있을 수 있다.

2. 붐비는 시간이나 사람들이 몰리는 시기를 피하자

누구나 그렇지만 사람들이 붐비는 곳에 아이를 데려가는 것은 정말 힘든 일이다. 쾌적한 나들이를 위해서는 붐비는 시기나 시간대를 피해 가는 것도 방법이다. 놀이동산의 경우, 3월에는 사람이 많지 않다. 또는 여름과 같은 성수기라고 할지라도 오후 5시 이후에 들어가면 해가 길어 8시 정도까지는 충분히 놀 만하다.

3. 아이가 어릴수록 신체 리듬을 고려해 움직여라

아직 낮잠을 자는 아이라면 낮잠시간, 식사시간 등 아이의 신체 리듬을 잘 고려해서 나서도록 하자. 돌아오는 길에 차에서 낮잠을 잘 수 있게 하는 식으로 이동시간을 활용할 수도 있다. 목적지에 도착했는데 아이가 낮잠을 잔다면 차에서 좀 더 재우고 나가자. 아이가 충분히 자지 못하거나 배고프면 쉽게 짜증을 내거나 보챌 수 있어서 나들이 기분을 망치기 쉽다.

4. 아이의 성향에 맞는 여행지를 우선적으로 선택하자

아이의 성향은 저마다 다르다. 내 아이의 성향에 맞는 장소를 선택해서 나들이를 가도록 하자. 예를 들어 활발한 아이라면 마음껏 뛰어놀 수 있는 야외가 있는 곳들이 제격이고, 사람이 많은 것을 싫어하는 아이에게는 놀이동산이 고역일 수도 있다. 한정된 공간을 싫어하는 아이라면 실내공간보다는 실외공간 위주의 장소를 선택해서 가보자.

5. 특정한 시기에만 즐길 수 있는 곳을 찾아라

1년 중에 특정한 기간만 즐길 수 있는 곳들이 있다. 계절축제 등이 대표적인데 이런 곳은 미리 스케줄을 잘 챙겨보고 예약을 하거나 일정을 짜두어야 한다. 예를 들어 5월에는 전국의 사찰에서 연등축제를 하는데 석가탄신일 2~3주 전에 가면 사람도 붐비지 않고 연등도 구경할 수 있어서 좋다. 또 연말에 놀이동산을 가면 연말 분위기를 한껏 즐길 수 있다. 최근에는 도심에서 캐롤이나 대형트리를 보기가 어려운데 놀이동산에 가면 대형트리를 볼 수 있어서 연말 분위기가 고조된다.

6. 소셜커머스나 카드 혜택 등을 적절히 활용하자

가격이 싸서 구입했다가 실망했던 곳들도 종종 있긴 하지만, 유명한 곳이나 공연이 비수기에 가끔 저렴하게 나오기도 하니 종종 살펴보는 것도 도움이 된다. 예를 들어 나는 장흥아트파크를 자주 가는데 소셜커머스에서 티켓이 반값에 나오는 경우가 있다. 하지만 여러 번 갈 요량으로 여러 장을 한꺼번에 구매하지는 말자. 기간 내에 못 갈 수도 있으니 한 번 갈 정도만 구매하는 것이 좋다.

7. 조금 천천히 가도 괜찮다

아이들 공연이나 전시 등은 관람 가능 연령보다 한두 살 더 많았을 때 가는 것을 추천하고 싶다. 경험상 5살까지는 자연에서 노는 것이 더 좋았다. 공연이나 전시는 아이들이 차분하게 볼 수 있는 시기에 가거나 유아·어린이 전용 공연을 이용하도록 하자.

8. 식사할 곳을 미리 찾아보고 움직이자

나들이가 즐거워지려면 나가서 먹는 밥도 맛있어야 한다. 조금 힘들었던 나들이라도 맛난 밥을 먹으면 기분 좋게 마무리되기도 한다. 아이들을 데려가기 좋은 식당인지, 예약을 해야 하는 곳인지 미리 꼼꼼하게 알아보는 것이 좋다. 이 책에서 소개하는 곳 중에서도 장소에 따라 아예 식당이 없는 곳도 있다. 이런 곳은 도시락을 싸가거나 주변의 식당을 체크해보고 방문하자.

9. 아이와 함께 보내는 시간이 가장 중요하다는 것을 잊지 말자

어디를 갈까 고민하며 나들이 장소를 정할 때 매번 새롭거나 특별한 곳을 아이에게 보여주고 싶을 수 있다. 그런데 아이는 장소와 상관없이 어디에서든지 놀 만한 것을 찾아낸다. 비싼 입장료를 내고 들어갔는데 아이는 비둘기와 노느라 정신이 없었다는 푸념을 늘어놓는 경우가 종종 있다. 하지만 그날의 즐거운 경험은 아이에게 좋은 추억의 한 조각으로 남을 것이다. 아이와의 나들이에서 잊지 말아야 할 것은 어느 장소를 가느냐보다도 그 장소에서 아이와 함께 시간을 보낸다는 것이다.

10. 후기는 충분히 참고하되 스스로 판단하자

나들이 장소를 가기 전에 이미 그곳을 다녀온 사람의 후기를 참고

하는 경우가 많다. 나들이 장소에 대한 정보는 누구나 쉽게 얻을 수 있는 시대이다. 하지만 남들이 좋았다고 해서 나에게도 꼭 좋은 곳이 되지는 않는다. 아이가 어떤 곳을 좋아하는지, 그리고 엄마인 나도 어떤 곳에서 더 여유 있게 아이와 시간을 보낼 수 있는지 생각해보자. 이 책에서는 이곳을 왜 추천하는지, 어떤 점이 아이와 함께하기에 좋았는지 시작 페이지에 적어두었으니 참고하길 바란다.

• • •

이 시기 아이들은 잠깐 한눈을 판 사이에 예상치 못하는 사고가 날 수도 있으므로 아이들이 뛰어노는 모습을 지켜볼 수 있어야 엄마도, 아이도 마음 편하게 보낼 수 있다. 여기서 소개하는 나들이 장소들은 넓게 툭 틔어 있어 시야를 가리는 곳이 없는지, 놀다가 쉴 수 있는 공간이 갖추어져 있는지를 고려한 곳이다. 또, 하루 종일 뛰어놀기만 하면 지루할 수도 있어서 놀이시설을 갖추고 있거나 체험활동을 해볼 수 있는 곳도 선택의 기준으로 삼았다.

PART 1

자연 속에서 마음껏 뛰어노는
오감 만족 나들이

01

한적한
공원에서 즐기는
휴식 같은 나들이

용 산 가 족 공 원

용산가족공원은 어린 아이들이 놀기에 좋아요. 쌩쌩 달리는 자전거가 없고, 놀이터도 어린 아이들 수준으로 구성되어 있습니다. 입구의 텃밭도 꼭 들러보세요. 도시에서는 보기 힘든 박, 포도, 옥수수, 오이, 가지 등 여러 가지 채소들을 관찰할 수 있답니다.

용산가족공원은 넓은 잔디밭과 연못, 산책로가 있는 가족공원이다. 한국전쟁 때 주한미군과 유엔이 사용하던 것을 1992년 서울시가 인수해 공원으로 조성, 지금의 모습이 되었다. 공원을 들어서면 '거울못'이라고 하는 꽤 크고 아름다운 연못이 정면으로 보이는데, 그 뒤로 넓은 잔디밭과 숲이 우거져 있는 정경이 인상적이다. 처음부터 공원으로 설계된 곳이 아니라 그런지 입구가 작고 눈에 띄지 않는 곳에 있다. 차를 가져갈 경우, 주차장 입구를 놓치기 쉬우니 주의해야 한다. 주말이면 주차를 하려는 차들로 도로가 붐비는데, 막상 들어가보면 생각보다 한산하다.

아이가 좀 자란 뒤에는 자전거를 타거나 큰 놀이터를 이용하려고 서울숲을 더 자주 찾게 되었지만, 4, 5살 무렵만 해도 이곳 용산가족공원을 즐겨 찾았다. 놀이터까지 가는 길이 어린 아이에게도 그리 멀지 않아 아이와 함께 걷기 좋고, 연못가 데크길을 따라 걸으며 물고기 구경도 할 수 있다. 놀이터도 그 또래 아이들이 놀기 좋은 규모이다.

용산의 특성상 외국인들도 많이 찾는 곳이라 놀이터 주변에는 각국의 엄마들이 모래놀이를 하거나 미끄럼틀을 타며 노는 아이들을 지켜보는 모습을 자주 볼 수 있다. 놀이터 뒤편으로 화장실이 있고, 옆의 숲길 쪽으로도 수돗가가 있어 모래놀이 후에 씻어주기에도 편하다. 용산가족공원에 갈 때마다 항상 모래놀이 도구는 잊지 않고 챙겨갔다.

여름에는 놀이터에 그늘이 없는 편이라 한낮은 피하는 것이 좋고, 매

점이나 식당이 없으므로 간단한 먹을거리는 준비해가야 한다. 내려오는 길에 텃밭 구경을 하거나 지압을 위한 돌길을 들르는 것도 우리 아이들에게는 필수 코스이다. 덩굴을 타고 올라간 포도나 박을 구경하고, 여러 가지 채소들이 자라는 것을 보고 이야기도 나눈 다음이면 다시 지압길로 뛰어가는 아이들. 이곳을 한 바퀴 돌고 나서 발 씻는 곳에서 손발을 씻고 나면 용산가족공원 나들이는 끝이 난다.

나들이 전후 읽기 좋은 책

『구리와 구라의 소풍』(한림), 『어디로 소풍 갈까?』(한림), 『새들아, 뭐하니?』(비룡소), 『꼬마 다람쥐 얼』(논장), 『페르디의 가을나무』(느림보), 『나무는 변신쟁이』(비룡소), 『곤충과 놀자』(사계절)

Information

주소 서울시 용산구 용산동6가 68-87

문의 02) 792-5661, 용산구 문화관광 홈페이지

이용시간 연중 24시간 개방   **이용요금** 무료

교통편 🚇 4호선, 경의중앙선 이촌역 2번 출구, 경의중앙선 서빙고역 1번 출구

⋯ 도보 10분

🚌 0211, 9502번 버스 ⋯ 용산가족공원 하차

🚗 경부고속도로 반포나들목 ⋯ 센트럴시티 ⋯ 반포대교 ⋯ 용산가족공원

주차정보: 주차장이 협소한 편. 주차요금은 10분당 300원, 한글 박물관 주차장 이용 가능

자전거 진입금지

02

벚꽃 흩날리는
강변 산책로 걷기

(양) (재) (천)

청동오리나 잉어가 있는 걸 보면 시골 냇가 같은 기
분도 들고, 무엇보다 벚꽃이 흩날리는 저녁 산책길
은 꽤 로맨틱합니다. 여름이면 영동 4교에서 5교 사
이에 수심 50센티 정도의 물놀이장을 무료로 개장
한다고 하니, 어린 아이들 데리고 가기 딱 좋아요.

　　아이들 4살 무렵 양재천 얼음 썰매장에 간 적이 있었는데, 춥고 힘들었던 기억만 남아서 양재천에 꽃구경을 간다는 건 생각도 못했다. 그런데 SNS에서 본 양재천의 벚꽃길이 너무 예뻐서 봄이 되면 벚꽃을 보러 양재천에 꼭 가보리라 마음먹었다.

　양재천은 과천에서부터 청계산에서 흘러나오는 천과 합류하고, 양재동에 이르러 청계산 동쪽계곡에서 발원한 여의천과 합류한 다음 강남구 대치동을 경유하여 탄천으로 유입되는 하천이다. 여러 곳의 지자체에서 관리를 해온 까닭에 일원화되지 못하다가 2000년 들어 협조체제를 구축하며 지금의 양재천이 되었다고 한다. 끝이 없어 보이는 산책길에는 벚꽃나무가 우거져 벚꽃비를 뿌려대고 아래에는 맑은 물이 흐르는 양재천은 그간 수질 개선과 환경 보호로 지금의 모습이 된 것이다. 양재천에는 여러 종류의 어류와 조류가 서식하고 있는데, 우리가 간 날도 물 속에 커다란 잉어와 수면 위에 고요히 떠 있는 청둥오리를 볼 수 있었다.

　아파트 단지를 지나 벚꽃 휘날리는 산책길에 도착하니 아이들이 뛰어나갔다. 아이들과 손잡고 벚꽃비를 맞으며 도란도란 이야기 나누는 산책길을 꿈꿨건만, 역시 아직 멀었나 보다. 한참을 뛰어가던 녀석들이 계단 아래 천으로 내려가 돌다리를 건너기 시작했다. 두 녀석이 앞서거니 뒤서거니 돌다리를 서로 먼저 건너려고 경쟁하다 결국 작은 녀석이 빠지고야 말았다. 물이 쭉쭉 나오는 신발을 신은 채로 갈대를 꺾어들고 물

고기를 낚겠다며 낚시 놀이를 하는 아이들. 이른 봄이라 저녁 무렵이 되자 바람이 쌀쌀했지만, 아이들은 덥다고 점퍼도 벗어 던진 채 갈대숲을 헤집고 다녔다.

어려서부터 벚나무가 우거진 동네에서 살아서 그런지 봄이면 벚꽃길을 걷고 싶다. 아이들 낳기 전에는 여의도 윤중로에 벚꽃축제를 보러 가곤 했는데, 이제 사람 많은 여의도는 엄두내기조차 힘들다. 그저 내가 바란 곳은 아이들 손잡고 천천히 걸을 수 있는 길 위로 벚꽃이 흩날리는, 내가 어려서 걸었던 그런 길 정도였는데, 양재천이 딱 그랬다.

날이 어두워지고 조명이 들어오자 더 빛나는 벚꽃길. 떠나기가 아쉬워

긴 산책길을 아이들과 다시 한 번 걸은 뒤 다음을 기약하며 돌아왔다.
여벌옷과 아이들 먹을거리를 간단히 준비해 가면 더 좋을 것 같다.

03

신비로운
숲속 놀이터
탐험하기

용 인 자 연 휴 양 림

아이가 어리면 잔디광장에 돗자리나 그늘막을 쳐두고 산들바람과 맑은 공기를 느끼며 시간을 보내는 것만으로도 좋습니다. 잠깐 누워 하늘을 보는 것만으로도 그간의 피로가 가시지요. 어린이 놀이숲과 에코 어드벤처는 아이들에게 인기 만점인 곳으로 필수 코스입니다.

용인자연휴양림은 서울 시내에서 가장 가까운 곳이고 워낙 인기가 많아 삼대가 덕을 쌓아야 당첨된다는 우스갯소리가 있는 유명한 휴양림이다. 용인 시민에게 우선권을 주기 때문에 타지역민들은 예약하기가 쉽지 않다. 하지만 굳이 숙박을 하지 않아도 휴양림의 시설물을 이용할 수 있고, 주말에는 1일 방문객 수와 주차대수가 제한되어 있으나 오전에 서둘러 가면 주말 방문도 그리 부담스럽지 않다. 멀지 않은 숲속에서의 하루를 계획한다면 정말 적당한 곳이다. 단, 잔디광장에 그늘막을 치고 싶다면 아침 일찍 가야 한다. 볕 좋은 날에는 오전 10시경만 돼도 잔디광장이 그늘막으로 가득 차기 때문이다.

서둘러 가서 그늘막을 치고 쉴 자리를 마련했다면, 아이와 함께 산책로를 따라 휴양림을 한번 둘러보자. 봄에는 활짝 핀 꽃들, 여름에는 풀벌레 소리, 가을에는 멋진 단풍길을 만날 수 있다. 아이들은 어른들이 생각하는 것보다 산길을 잘 올라가고, 식물이나 곤충에 큰 관심을 보인다. 평상시에는 아이가 길을 걷다 말고 한참을 무언가 들여다볼 때에 가던 길을 재촉하기 마련이지만, 이런 숲길에서는 여유가 생긴다.

고객안내실을 기준으로 왼쪽 길로 올라가면 어린이 놀이숲이 나온다. 이곳의 자연물 놀이터는 말괄량이 삐삐가 어디선가 툭 튀어 나올 것처럼 생겼다. 처음 이곳을 마주했을 때에는 마치 어렸을 때 상상놀이에서나 존재했던 숲속 비밀 아지트가 나타난 기분이었다. 주말에는 놀이터 앞 데크에 텐트들로 빼곡해서 그런 기분이 덜하겠지만, 평일 오후 한가

한 숲속의 놀이터는 꽤나 신비롭다. 아이들 또한 새로운 놀이터가 아주 재미있는지 엄마를 찾지도 않고 쉴새없이 위아래를 뛰어다니며 땀에 흠뻑 젖었다.

용인자연휴양림에는 이 놀이터 말고도 인기 있는 에코 어드벤처 체험이 있다. 에코 어드벤처는 자연물로 이루어진 모험놀이 프로그램이다. 잔디광장에서 오른쪽 길로 조금 올라가면 숲속 한가운데에 유격 훈련 연습장 같은 곳이 나타나는데 이곳이 바로 에코 어드벤처이다. 5살부터 성인까지 원숭이, 침팬지, 킹콩의 3가지 코스로 진행되는데, 나이와 키에 맞는 코스를 선택해서 인터넷으로 사전 예약하면 된다. 주말 같은 경우, 예약 가능 시점인 한 달 전부터 초고속으로 예약이 마감되므로 주말 체험을 원한다면 예약이 시작되는 시기를 잘 알아두었다가 서둘러 예약해야 한다.

어린이 놀이숲이나 에코 어드벤처 같은 모험 시설물은 아이들이 재미있어하기도 하지만 어려운 일을 해냈을 때의 성취감, 자신감을 느끼기에도 좋다. 평소 잘 드러나지 않았던 아이의 성격이나 균형감각도 주의 깊게 살펴볼 수 있는 기회이기도 하다.

나들이 전후 읽기 좋은 책

『나무하고 친구하기』(비룡소), 『숲 속에서』(시공주니어), 『우리끼리 가자』(보리), 『거미가 줄을 타고』(비룡소), 『겨울철 벌레를 찾아서』(한림), 『섬수리부엉이의 호수』(창비)

Information

주소 경기도 용인시 처인구 모현면 초부로 220
문의 031) 336-0040, www.yonginforest.net
이용시간 3~10월(9:00~18:00), 11~2월(9:00~17:00),
매월 2번째 수요일 시설점검일(시설예약불가, 일일입장 가능)
이용요금 어른 2,000원, 청소년 1,000원, 어린이 600원(만7세 이상),
주말, 공휴일 일일 입장 및 주차 예약제 시행(매년 4~10월)
교통편 ① 1117번, 1150번 ⋯ 외대 사거리 하차
② 1113번, 1500-2번 ⋯ 초부리 정류장 하차
경부고속도로 신갈분기점에서 영동고속도로 ⋯ 용인IC 출구 ⋯
처인대로 광주 방면 ⋯ 모현 방면 ⋯ 초부교 우회전 ⋯ 자연휴양림 도착
주차정보: 성수기 및 주말 3,000원, 평일 2,000원(소형, 중형 기준)

04

놀거리 많은
서울의 센트럴파크

(서)(울)(숲)

무척 넓고 다양한 시설을 갖추고 있는 곳이므로 아이와 서울숲에서 무엇을 할지 미리 의견을 나눠보세요. 어떤 날은 사슴 먹이주기를 하고 오거나 어떤 날은 축구나 배드민턴을 할 수도 있습니다. 물론 그렇게 약속하고서도 놀이터에서만 놀다 오는 날이 더 많겠지만요.

　　서울에서 가장 대표적인 숲 공원인 서울숲은 아장아장 걷는 어린 유아부터 에너지가 넘치는 큰 아이들까지 즐겁게 이용할 수 있다. 숲속길이나 사색의길 같은 산책로도 좋지만 서울숲 주차장에 주차 후, 영주사과길을 지나 왼쪽으로 가면 나오는 자연생태학습장은 나비정원, 곤충식물원, 갤러리정원이 있어서 아이와 함께 볼거리가 많은 곳이다. 또한 식물원 옆길로 들어서서 오른쪽으로 이어진 흙길을 따라가면 아기동물을 볼 수 있다. 이 길은 사슴 먹이주기 행사장으로 이어지는데, 사슴 먹이주기는 화, 목, 토, 일에 하루 2회로 제한되어 인터넷에서 미리 신청해야 한다. 신청 없이 그냥 가면 큰 사슴은 마음껏 볼 수 없지만, 작은 동물의 집에 있는 토끼와 아기 사슴은 언제라도 볼 수 있다.

　　서울숲은 놀이터 시설도 잘 되어 있다. 모래놀이터가 따로 있긴 하지만, 모래놀이 하다 미끄럼틀 타다 하며 놀기엔 그냥 놀이터에서 노는 게 낫고, 물 마실 곳과 화장실도 옆에 있어 편하다. 7살이 되고서는 그 옆에 있는 무장애놀이터로 뛰어가서 놀거나 길 건너 물놀이터에서 놀기도 한다.

　　서울숲은 자전거를 태우러 많이 찾는 곳이기도 하다. 이제는 두발자전거를 자유자재로 탈 만큼 커서, 아이들 자전거는 가져가고 어른들 자전거는 대여해서 온 가족이 자전거를 타곤 한다. 지난 가을, 아이들과 자전거를 타고 서울숲을 한 바퀴 돌았는데, 노랗고 빨간 단풍잎이 날리는 숲을 아이들과 자전거로 달리는 그 순간이 어찌나 멋지던지 아이들

과 신나게 '가을 길' 동요를 부른 적도 있다.

친구들과 함께 모이거나 주말에 여러 가족들이 만날 때에는 돗자리를 챙겨간다. 넓은 잔디광장에서 나무 아래 그늘진 곳을 찾아 돗자리를 펴두면 아이들은 축구도 하고 서툴게 배드민턴도 치고 술래잡기도 하며 뛰논다. 나무 냄새를 맡으며 햇살 아래 아이들이 뛰노는 모습은 보는 것만으로도 행복하다. 주말에는 사람들이 많은 편이지만, 워낙 넓은 숲 공원이라 붐빈다는 느낌 없이 잘 놀 수 있다.

주말에는 자전거나 카트, 어린이 자동차 등 탈것들이 많은 편이고, 상가 옆길로는 배달 오토바이들이 들어오는 경우도 있으므로 어린 아이들은 잔디밭에서 뛰놀게 하는 편이 안전하다. 여름 한철에 한해 그늘막을 허용하고 있으므로 더운 여름에는 그늘막을 이용하여 더위를 피할 수 있다(그늘막 허용구역: 숲속놀이터 건너편과 조각정원 및 가족마당 일부).

서울숲은 주차장이 수용인원에 비해 협소한 편이다. 근처 성동구민

종합체육센터 주차장을 이용하거나 주말에는 서울숲 입구 양 길가에 주차가 허용되고 있지만 주말 오후면 주차하기가 힘들다. 참고로 나비정원, 곤충식물원, 숲속놀이터를 이용하려면 서울숲 주차장을, 자전거 대여나 인라인장을 이용하려면 성동구민종합체육센터 주차장이 가깝다.

나들이 전후 읽기 좋은 책
『숲이 좋아요』(바우솔), 『벌레가 좋아』(보림), 『촉촉한 여름 숲길을 걸어요』(시공주니어), 『찾았다! 곤충의 집』(한울림어린이), 『애벌레에서 나비까지』(보물창고), 『숲 속의 겨울 준비』(시공주니어)

Information

주소 서울시 성동구 왕십리로 11길 9
문의 02) 460-2905, http://parks.seoul.go.kr
이용시간 연중 24시간 개방, 전시관은 월요일 휴관　　**이용요금** 무료
교통편 ① 분당선 서울숲역 3번 출구 ⋯ 도보 5분
　　　　② 2호선 뚝섬역 8번 출구 ⋯ 도보 15분
　　　　① 반포대교 ⋯ 용비교 ⋯ 성수대교(북단) 사거리에서 직진 ⋯
　　　　무지개 터널 ⋯ 서울숲 주차장
　　　　② 동부간선도로 ⋯ 군자교 ⋯ 성수대교 방향 진입 ⋯
　　　　성수대교(북단) 사거리에서 직진 ⋯ 무지개 터널 ⋯ 서울숲 주차장
　　　　주차정보: 10분당 300원, 다둥이 할인, 경차 할인. 성동구민종합체육센터
　　　　주차장 이용 가능, 주차요금은 서울숲 주차장과 동일

아이와 숲에서 할 수 있는 놀이

숲에 갈 때 날씨가 좋으면 더욱 좋겠지만 비가 오거나 눈이 오더라도 우비나 방한복을 잘 갖춰 입는다면 맑은 날에는 보지 못하는 것들을 발견하는 즐거움을 누릴 수 있다. 아이는 숲에서, 작지만 소중한 자연물을 발견하고 모으는 놀이를 하면서 마음껏 상상력을 발휘한다. 또한 숲놀이를 하면서 자연스럽게 관찰능력을 기르고 계절의 다양한 변화를 체감하게 된다. 숲에 갈 때는 곤충이나 식물을 관찰하기 위한 돋보기, 모종삽이나 자연물 채집통 등을 챙겨 가면 더 좋다.

돌멩이 얼굴 그리기

사계절 언제 어디서나 숲에서 쉽게 찾을 수 있는 것이 돌멩이이다. 보통은 돌멩이로 쌓기나 던지기를 많이 하는데, 가끔은 돌멩이에 얼굴을 그려보자. 반질반질하고 반듯한 모양의 돌멩이를 찾아서 컬러 네임펜이나 싸인펜으로그려보는 것도 재미있다.

돌탑 쌓기

아이들은 무언가를 높이 쌓는 것을 좋아한다. 절에 가면 소원을 빌면서 쌓아놓은 돌탑을 자주 볼 수 있는데 숲 속에서도 아이들과 돌을 주워 탑을 쌓아볼 수 있다.

나뭇잎으로 여러 가지 모양 만들기

가을철에 떨어진 나뭇잎으로 해볼 수 있는 가장 쉬운 놀이이다. 처음에 아이들이 혼자 생각해서 만들기 힘들어하면 얼굴이나 동물 등 단어를 제시해주고 익숙해지면 아이가 상상력을 발휘하여 자유롭게 만들어보게 한다.

잎맥 관찰하기

어렸을 때 한 번쯤은 해본 놀이이다. 종합장이나 얇은 A4용지와 필기구를 챙겨가서 나뭇잎을 종이에 대고 연필이나 색연필로 색칠해본다. 어린 아이들은 연필보다는 색연필 또는 크레용이 좋다. 종이에 드러나는 잎맥을 살펴보며 함께 이야기를 나눠보자.

단풍잎 책갈피 만들기

가을에 단풍잎을 주워와서 책 사이에 끼워두었다가 코팅해서 책갈피를 만들어보자. 가위로 모양대로 잘 자르고 그 위에 편지를 써볼 수도 있다.

눈 가리고 알아맞히기

아이의 눈을 수건 등으로 가리고 나뭇잎이나 꽃, 나뭇가지 등의 자연물을 손으로 만져보게 한 후 무엇인지 알아맞히는 놀이이다. 스무고개 형식으로 하면 아이들이 더 좋아한다.

05

예쁜 정원에서
보내는
동화 같은 하루

벽 초 지 문 화 수 목 원

5월에는 튤립축제, 10월에는 국화축제가 열리는데 규모가 크지 않아 아이를 데리고 가기에 부담이 없어요. 물론 가장 좋은 것은 넓은 잔디밭이 있어서 마음껏 뛰어놀 수 있다는 점이지요. 꽃구경과 마음껏 뛰어놀기라는 두 가지 조건을 다 충족시켜주는 공간입니다.

벽초지문화수목원을 처음 찾은 건 아이들 4살 때였다. 큰 수목원은 아직 어린 아이들을 데리고 갈 엄두가 나지 않아 규모가 작은 수목원이 없을까 하고 찾아보던 중 지인의 추천으로 가게 되었다. 처음 방문했던 때는 10월이어서 국화축제가 한창이었다. 입구에 들어서자마자 국화꽃 향기가 그윽했던 기억이 난다.

2005년 개원한 이곳은 수목원이라기보다는 잘 꾸며진 아담한 정원 같다는 느낌이 드는 곳이다. 100여 종의 교목과 200여 종의 관목, 70여 종의 수생식물 등 1,400여 종의 식물이 이곳에서 자란다고 한다. 중앙에 위치한 연못과 걷기 좋은 소나무길, 그리고 아이들이 가장 좋아했던 넓은 잔디밭이 인상적이다.

가장 눈길을 끄는 곳은 아무래도 '벽초지'인데, 푸른 풀이 자라는 못이라는 뜻이다. 연못에는 큰 잉어들이 유유히 헤엄치고 있어, 연못가에서 아이들과 한참을 구경하곤 했다. 이곳은 경사진 곳이 거의 없어서 아이를 유모차에 태워서 돌아다니기에도 불편함이 없다. 특히 주목나무가 터널을 이루는 주목나무길과 소나무길 아래는 그늘이 잘 갖추어져 있어서 산책하는 기분도 색다르다. 유럽의 고풍스러운 조각상과 분수대 등으로 꾸며진 야외조각공원도 이국적인 느낌을 준다.

무엇보다 마음에 드는 곳은 아주 넓게 펼쳐진 잔디밭이다. 가지고 있던 풍선 하나로 아이들이 얼마나 즐겁게 놀던지, 신발까지 벗어던지고 맨발로 뛰어다녔다. 잔디밭 바깥쪽으로는 나무 그늘과 벤치가 있어서 앉아서 편히 쉴 수도 있다.

매년 가을이면 이곳을 방문하는데, 아이들이 6살이 되었을 때에는 분수대 옆에 있는 체험학습장에서 허브 토분 페인팅을 신청해서 체험학습을 했다. 체험학습은 토분 꾸미기, 토피어리 화분, 황토염색 등 다양한 프로그램이 있다. 허브 토분 페인팅은 초벌된 허브 토분에 아크릴 물감을 이용하여 그림을 그린 뒤 꽃을 옮겨 담고 화분을 가져오는 것이다. 옆에서 선생님이 설명해주고 아이들이 자유롭게 그림을 그리는 것인데 6살 아이도 어렵지 않게 할 수 있다. 체험장이 비교적 넓고 전시해놓은 작품들을 구경하는 재미도 있다.

수목원 입구로 들어가면 바로 앞쪽에 나무 레스토랑이라는 식당이 있는데 메뉴가 다양하지는 않지만 아이들이 먹기에 맛도 좋고 깔끔한 편이다. 입맛 까다로운 우리 아이들도 이곳에서 불고기덮밥을 무척 잘 먹어서 아이들 식사 걱정을 덜었다. 이곳 말고 분수대 쪽에도 작은 이탈리안 레스토랑이 있다.

벽초지문화수목원은 어린 아이를 데리고 가기 좋은 곳 중 하나다. 경사진 곳이 많지 않아서 유모차를 가지고도 수목원을 충분히 둘러볼 수 있다.

나들이 전후 읽기 좋은 책

『꽃이 좋아』(미래아이), 『무지개꽃이 피었어요』(국민서관), 『꽃마중』(미세기), 『나무의 아기들』(천개의바람), 『꽃들에게 희망을』(시공주니어), 『국화보다 아름다운 너』(글뿌리), 『여러 가지 새 둥지』(소년한길)

Information

주소 경기도 파주시 광탄면 창만리 166-1
문의 031) 957-2004, www.bcj.co.kr
이용시간 3~10월(9:00~19:00), 11월~2월(10:00~22:00), 연중무휴
이용요금 어른 주중 7,000원, 주말 8,000원. 어린이 5,000원. 36개월 미만 무료
교통편 🚇3호선 삼송역 ⋯ 광탄행 703번 버스 ⋯ 광탄 삼거리 하차 ⋯
　　　　15, 67번 버스 환승 또는 택시 ⋯ 벽초지문화수목원
　　　　🚗 강변북로 ⋯ 자유로 ⋯ 문발IC(광탄 삼송 방향) ⋯ 광탄 삼거리 ⋯
　　　　방축삼거리 ⋯ 벽초지문화수목원
　　　　주차정보: 주차료 무료

06

아이와 함께
아름다운
노을 감상하기

노 을 공 원

노을공원은 이름처럼 해질녘이 정말 아름답습니다.
가을에 가면 억새풀이 장관이고요. 캠핑장 건너편에
있는 자연물 놀이터도 아이들이 좋아하는 곳이지요.
마음껏 뛰어놀고 난 후에는 아름다운 노을을 보는
시간을 가져보세요.

노을공원을 처음 방문한 사람이라면 대부분 놀라움을 금치 못할 것이다. 서울 도심 한가운데에 강원도 양떼목장 같은 곳이 있다니 하는 생각이 들기 때문이다. 예전에 난지도였던 상암월드컵경기장 주변에는 4개의 공원이 들어서 있다. 평화의공원, 하늘공원, 노을공원, 난지천공원이다. 이 중 한강을 내려다보며 아름다운 노을을 감상할 수 있는 노을공원은 아이들과 함께 가면 더 좋은 곳 중 한 곳이다.

노을공원에 있는 캠핑장은 매년 4~11월에 이용할 수 있는데, 인터넷에서 미리 예약해야 한다. 보통 금요일과 토요일은 예약이 일찍 마감되며, 월요일은 휴장이다. 물론 캠핑장을 이용하는 사람들만 노을공원을 이용할 수 있는 것은 아니다. 캠핑을 하지 않더라도 캠핑장 건너편에 있는 자연물 놀이터에서 놀다가 와도 충분하다. 놀이터 옆 정자에 돗자리를 깔고 앉아서 집에서 싸온 도시락을 먹고 놀다 내려오면 된다.

노을공원 안에서 차량 이용은 금지되어 있는 대신 주차장에서 공원 입구까지 맹꽁이 전기차를 운행한다. 맨 뒤쪽에 짐칸이 따로 있어 편리하다. 우리 아이들은 짐칸 바로 앞쪽 자리에 앉는 걸 좋아하는데, 마치 마차에 탄 기분이라며 즐거워한다. 맹꽁이 전기차를 타고 올라가면서 보는 풍경은 더욱 좋다. 멀리 한강이 보이고, 공원에 꾸며져 있는 쉼터도 보면서 올라가게 되는데 그 광경을 보는 것만으로도 마음이 편안해진다. 전기차에서 내리면 카트가 있어서 짐을 싣고 가기 편리하게 되어 있다. 그리고 공원 입구에 매점이 있어서 숯이나 고기를 구울 수 있

는 판 등 필요한 물건을 이곳에서 구입할 수도 있다.

　매년 노을공원 캠핑장에서 또래 아이들과 친구 모임을 가져왔는데, 여러 아이들이 한데 모여 어울려 놀기에 이만큼 좋은 곳도 없다. 캠핑장에는 수돗가, 쓰레기통, 화장실 등이 잘 갖추어져 있어서 큰 불편함이 없다. 또, 캠핑장 건너편에 있는 자연물 놀이터에는 나무로 된 블록도 갖추어져 있고 긴 통나무 속에 들어가서 출구로 나올 수도 있다. 아이들에게 인기 만점인 나무 미로가 철거된다고 해서 아쉽지만 아이들이 놀 만한 공간이 많다. 아이들이 놀이터에서 신나게 노는 동안 엄마들은 숯불에 고기를 굽고 식사를 준비한다. 고기가 다 구워지면 아이들을 불러 함께 먹고 아이들은 또다시 뛰어논다.

　　노을공원은 서울에서 아름다운 노을을 구경할 수 있는 몇 안 되는 곳이다. 붉은 노을이 아름답게 물든 광경을 넋을 놓고 보다 보면 어느새 해는 넘어가고 주변은 깜깜해진다. 맹꽁이 전기차의 막차는 저녁 8시이다. 캠핑을 하지 않는다면 막차를 타고 내려가면 된다. 비교적 고도가 높아 해가 지고 나면 쌀쌀해지니 아이들에게 입힐 긴팔 여벌옷을 꼭 준비해가자.

나들이 전후 읽기 좋은 책

『신나는 캠핑을 떠나요』(시공주니어), 『아기양 울리의 저녁 산책』(베틀북), 『찾았다! 곤충의 집』(한울림어린이), 『숲 속의 캠핑』(계몽사), 『누에가 자라고 자라서』(한울림어린이)

Information

주소　서울시 마포구 상암동 481-6

문의　02) 300-5500, http://worldcuppark.seoul.go.kr/parkinfo4_1

이용시간　일몰시간 2시간 후부터 출입 통제.
　　　　　캠핑장 이용시간은 당일 14:00~다음날 12:00

이용요금　무료. 캠핑장은 별도 예약

교통편　🚇 6호선 월드컵경기장 1번 출구 ➟ 마을버스 마포08번 환승 ➟ 서부운전면허시험장 하차

　　　　🚌 470, 670, 7011, 7016번 ➟ 서부운전면허시험장 하차

　　　　🚗 강변북로 ➟ 월드컵경기장 방면 ➟ 노을공원 주차장

　　　　주차정보: 5분당 150원, 캠핑시 1일 이용권 평일 5,000원, 주말 10,000원

07

자연의 일부가
되어보는 시간

고 양 생 태 공 원

아이들은 나무며 풀벌레들 보는 걸 생각보다 참 좋아합니다. 환경해설사 선생님의 친절한 설명을 들으며 걷다 보면 자연이 더 친숙하게 느껴집니다. 아이에게 자연의 일부가 되어보는 귀중한 체험의 시간을 선물해보세요.

　　다른 생태공원과 마찬가지로 고양생태공원도 다양한 생태체험 프로그램을 운영하고 있다. 프로그램을 예약하면 환경해설사 선생님의 친절한 설명을 들을 수 있다. 예약제로만 운영되고 인터넷이나 전화로 탐방 예약을 할 수 있다. 입장이 가능한 시간은 오전 10시, 오후 2시, 4시이고, 한 타임당 15명만 입장할 수 있어서 최소한 일주일 전에는 예약해두는 게 좋다.

　　공원 입구에 다다르면 커다란 나무문이 보인다. 초인종을 누르고 기다리면 문이 열리고 숲해설사 선생님이 반갑게 맞이한다. 숲해설사 선생님은 처음부터 끝까지 약 2시간 동안 함께 걸으며, 숲의 이곳저곳을 안내하고 곳곳에서 만나는 동식물의 생태에 대해 자세히 설명해준다.

　　고양생태공원은 쓸모없이 버려진 나대지를 생태공원으로 조성했다. 5만 8,000제곱미터의 넓은 부지에 12개의 테마숲, 야생화 군락지, 생태연못, 탐방로, 생태도서관과 전시실 등을 갖추고 있다. 생태공원을 조성할 당시 기증받은 나무들을 식재하고 생태복원을 위해 5년여를 묵혀두었다가 2013년 5월에 개장했다. 그 보답인지 고양생태공원에는 각종 풀벌레와 새들이 찾아와 자연과 조화를 이루며 살고 있다.

　　아이들은 네잎 클로버를 찾아보거나 죽은 나뭇가지를 주워다 칼싸움도 하며 탐방로를 걸었다. 그러다 오색딱따구리가 나무를 쪼고 있는 광경을 눈앞에서 목격했다. 숲해설사 선생님은 오색딱따구리가 나무 속에 있는 해충을 잡아먹고 있는 거라고, 나무를 괴롭히는 게 아니라고 설명

했다.

고양생태공원에는 메타세콰이어 길이 있다. 이곳에서 숲해설사 선생님이 나눠준 양면거울을 코에 걸치고 걷는 체험을 했다. 울창한 메타세콰이어 나무들이 눈앞에 거꾸로 서 있는 것만 같았는데, 뱀의 눈높이로 본 모습이라고 한다. 천적인 하늘을 나는 맹수들을 보기 위한 것이라고 한다. 한편, 철새들이 오기도 한다는 생태연못에는 조류관찰대가 있어서 새들을 방해하지 않고 조용히 관찰할 수 있다.

생태공원 내부에는 식사를 할 만한 곳이 따로 있지는 않다. 매점이나 식당이 없으므로 만약 간식이 필요한 아이들이라면 간단한 먹을거리를

고양생태공

준비해가면 좋다. 군데군데 벤치가 있고, 개울의 오리나 새들을 볼 수 있게 나무쉼터를 만들어놓았다.

생태교육장에서는 손수건에 꽃물 들이기나 쑥주머니 만들기 등 특별 프로그램을 운영하고 있다. 아이들과 할 만한 활동을 홈페이지에서 미리 확인해보고 신청해도 좋다. 길동체험생태공원, 부천자연생태공원, 강서습지생태공원 등 서울과 경기도 지역에는 생태공원이 여럿 있으니, 꼭 한 번 방문해보자.

08

남산 속
비밀의 정원
찾아가기

남 산 야 외 식 물 원

식물원이라기보다는 야외 정원 같은 느낌을 주는 곳입니다. 도심 속에서 삼림욕 하는 기분도 듭니다. 남산순환버스를 한 바퀴 타고 도는 것도 좋고, 케이블카를 타고 전망대에 다녀와도 좋겠지요. 어린 동생이 있다면 유모차를 밀며 여유롭게 산책하기에도 좋은 장소랍니다.

남산공원에는 아이와 갈 수 있는 곳들이 여러 곳인데, 우리가 즐겨 찾는 곳은 그랜드 하얏트 호텔 건너편의 남산야외식물원이다. 이곳을 처음 온 사람들은 '대체 식물원이 어디 있다는 거야?'라고 할지도 모르겠다. 우리가 처음 이곳을 찾았을 때도 그랬으니까.

남산야외식물원은 입구, 출구가 딱히 있는 것도 아니고 입장료를 내지도 않아서, 식물원이라기보다는 걷기 좋은 공원, 울창한 수목원이라는 느낌이 드는 곳이다. 지대가 높다 보니 전망대까지 올라가지 않아도 서울 시내를 조망할 수 있는 곳이 이 안에 있다. 작은 실개천이 흐르고, 전국 8도의 소나무가 모여 있는 곳도 있다.

봄에 방문하면 개나리, 진달래, 철쭉, 라일락 등 오색찬란한 꽃들이
정원을 아름답게 물들이고, 여름에는 사방천지가 초록에 키 큰 나무들
이 그늘을 만들어 시원하다. 집에서는 시끄럽게 여겨지던 각종 풀벌레
소리도 이곳에서는 하모니를 이루는 듯 그저 시원하게만 들린다. 그런가
하면, 가을에는 알록달록 단풍 옷으로 갈아입은 나무들이 남산을 붉게
물들이고, 겨울에는 언제 그랬냐 싶게 아무도 없는 깊은 숲속처럼 새하
얀 색으로 변신하는 이곳은 사실 오랫동안 숨겨두고 싶은 비밀장소이
기도 했다. 사람들로 붐비는 남산공원 입구나 케이블카 타는 곳과 달리
꽤 오랫동안 알려지지 않은 곳이어서 아이들 데리고 봄, 가을에 꽃구경,
단풍구경 하기 좋은 장소였는데, 이제 입소문이 나서 주말에 가족 방문

객이 많아졌다.

한적할 때 산책 겸 길을 나서면 아이들은 앞서거니 뒤서거니 하며 달려가다 종종 길을 멈춰 벌레나 꽃, 풀을 살피고, 개울가에서 찬물에 발을 담그거나 나뭇잎 배를 띄우기도 한다. 딱히 놀 만한 것이 없는 산책로에서도 아이들은 떨어진 나뭇잎을 주워 모으거나 땅에 나뭇가지로 그림을 그리기도 하며 즐겁게 논다. 입구에서 올라가는 길이 약간 경사지지만 안으로 들어가면 경사가 심하지 않아서 유모차를 밀고 다니며 산책하기에도 좋다.

남산야외식물원 안에 위치한 유아숲체험장에는 줄을 잡고 언덕 올라가기, 통나무 평균대, 통나무로 집짓기 등 다양한 자연물 놀이기구들과 모래놀이터가 있어서, 이곳에 발만 들여도 반나절을 보내게 된다.

그렇게 놀다가 배고프면 가지고 온 간식을 정자에서 먹거나 아래에 있는 카페에 가서 요기를 하거나 한다. 식물원 입구 쪽 카페에도 작은 정원이 있어서 아이들 어려서는 공원을 산책하고 이곳에 아이들을 놀게 놔두고 커피 한 잔 마시고 가곤 했는데, 이곳 또한 최근 들어 찾는 사람들이 많아지면서 주말에는 돌잔치나 가족모임으로 북적이는 편이다.

봄, 가을이면 나도 모르게 "남산 갈까?"라고 묻게 되는 이곳. 날씨 좋은 날에 아이들과 손잡고 이 길을 걸어보기 바란다.

나들이 전후 읽기 좋은 책

『살랑살랑 봄바람이 인사해요』(시공주니어), 『나무는 좋다』(시공주니어), 『우리와 함께 살아가는 식물 이야기』(아이세움), 『남산숲에 남산제비꽃이 피었어요』(아이세움), 『늘 푸른 우리 소나무』(해와나무)

Information

주소 서울시 용산구 이태원2동 258-148

문의 02) 798-3771

이용시간 연중 24시간 개방

이용요금 무료

교통편 🚇 6호선 한강진역 1번 출구 ⋯▶ 야외식물원 방향 도보 10분

🚌 402, 405, 400, 110A, 143, 401, 3011, 6211번

🚗 ① 한남대교 ⋯▶ 한남로타리 앞에서 U턴 후 우회전(하얏트, 남대문 방향)

② 남대문 ⋯▶ 힐튼호텔 ⋯▶ 하얏트 방향 ⋯▶ 장충지구 남산야외식물원 주차장

주차정보: 남산야외식물원 주차장 10분당 300원

09

도심에서 즐기는 계곡 물놀이

물 빛 광 장
피 아 노 물 길

교외 계곡을 찾아가기가 쉽지 않을 때, 서울 시내에서 발 담그고 놀기에는 이만한 곳이 없을 만큼 좋아요. 피아노물길은 마포대교 아래에 있어서 바람도 시원하답니다. 물총이나 물놀이 장난감, 모래놀이 바구니를 준비해가면 더 좋아요. 물론 돗자리와 썬크림도 꼭 필요하답니다!

물빛광장은 마포대교 남단에 위치한 한강지구의 물놀이터이다. 한강을 등지고 서서 오른쪽의 넓은 수영장 같은 곳이 물빛광장이고, 63빌딩 쪽으로 좀 더 가서 마포대교 밑으로 피아노 건반 모양의 바닥 위로 흐르는 개울이 피아노물길이다. 한여름에는 사람이 너무 많아서 주차가 쉽지 않고 수질도 좋지 않은 편이라, 오히려 날이 더워지는 6월경에 가면 놀고 오기에 딱 좋다.

물빛광장은 수심이 어른 무릎 정도로 깊지 않아서 어린 아이도 놀기에 좋다. 다만 바닥에 물이끼 낀 곳이 더러 있어 주의해야 하며, 물놀이용 신발을 신겨주는 편이 낫다. 또, 정화된 물이 아니므로 아이들이 얼굴을 담그지 않도록 조심시켜야 한다. 특별한 놀이시설이 없지만 물총을 제한하지 않아서 물총만 있으면 아이들이 신나게 놀 수 있다. 또, 오후 5시부터는 1시간 간격으로 바닥분수가 가동되어 아이들은 더욱 신나고, 저물어가는 한강 경치에 운치를 더하기도 한다. 여름 한낮에는 30도로 무덥지만 오전에는 햇살이 쨍해도 물이 차가운 편이니 너무 오랫동안 물에서 놀게 하지는 말자.

첫 물놀이에 들뜬 아이들을 데리고 가다 보니, 불현듯 금요일은 물빛광장이 쉬는 날이라는 게 생각나서 아쉽게 돌아섰던 적이 있다. 매주 월, 금요일은 바닥 청소를 하는 날이라 물빛광장이 문을 닫는다.

피아노물길은 흐르는 물이 얕아서 어린 아가들이 발 담그고 놀기에 그만이다. 세 돌 전 아기라면 물빛광장보다 피아노물길이 더 안전하고

깨끗하고 재미있다. 또, 물빛광장은 그늘이 없어 그늘막이 필수인데 반해, 피아노물길은 마포대교 아래에 자리를 잡을 수도 있고 한강공원에 커다란 나무 밑 그늘 자리가 몇 개 있어서 서두르면 그늘을 맡을 수도 있다. 바로 앞이 한강변의 잔디밭이라 물놀이뿐 아니라 연날리기나 공놀이를 할 수 있다는 점도 좋다. 일찍 가서 편의점과 화장실이 멀지 않은 곳에 그늘 자리를 맡으면 명당이 따로 없다.

　한가한 시즌에 가면 주차장도 여유롭다. 여의도 한강지구에는 주차장이 5개 있는데 물빛광장을 가려면 여의도 한강공원 제2주차장이 가깝고, 피아노물길은 제1주차장 바로 앞에 있다. 주말에는 이 두 곳이 금방

만차가 되어서, 조금만 늦어도 저 멀리 제3주차장에 주차를 하고 걸어와야 한다.

물놀이를 신나게 한 아이들은 점심을 먹고는 잔디에서 뛰어놀았다. 요즘 한강공원에는 점심을 굳이 싸오지 않아도 자장면이나 피자, 치킨 같은 음식을 배달해 먹을 수 있다. 그늘막에 앉아 있으면 금세 전단지가 쌓인다. 아주 큰 쓰레기통이 마련되어 있으니 앉았던 자리는 깨끗이 치워놓고 나오자.

나들이 전후 읽기 좋은 책

『여름이 좋아 물이 좋아』(문학동네어린이), 『마법의 여름』(아이세움), 『무민과 위대한 수영』(어린이작가정신), 『여름이 왔어요』(휴먼어린이), 『한강의 다리』(마루벌)

Information

주소 서울시 영등포구 여의동로 330
문의 02) 3780-0561(여의도 안내센터)
이용시간 물빛광장 매주 월, 금요일 휴장
이용요금 무료
교통편 5호선 여의나루역 2, 3번 출구
　　　① 7613, 7611, 5713, 5618, 5615, 5534, 1008, 753, 261, 61, 10번
　　　　⋯ 여의나루역 하차(2번 출구 방향)
　　　② 7611, 6623, 5713, 5633, 5534, 753, 360, 261, 262, 662, 7007-1번
　　　여의나루역 하차(1번 출구 방향)
　　　① 올림픽대로 잠실 방향 ⋯ 여의도 밑으로 진입하여 노량진 수산시장 방향
　　　　⋯ 주차장 이용
　　　② 올림픽대로 공항 방향 ⋯ 한강철교 지나 63빌딩 앞 진입로 이용
　　　③ 강변북로 ⋯ 원효대교 건너 남단에서 우회전 진입
　　　주차정보: 여의도 한강공원 주차장, 최초 30분 2,000원, 초과 10분당 300원, 일요일 무료

10

끝없이 펼쳐지는 잔디밭에서 마음껏 뛰어놀기

국 립 서 울 현 충 원

수양벚꽃이 만개한 4월의 현충원도 좋지만, 가을 단풍이 물든 현충원도 자연을 충분히 느낄 수 있지요. 현충원이 어떤 곳인지 아이와 함께 이야기 나누며 우리나라 현대사에 대해서도 자연스럽게 알려줄 수 있답니다.

결혼 전, 현충원에 걸어갈 수 있을 만큼 가까운 곳에 살았다. 4월이 되면 수양벚꽃이 만개해서 아름다웠고 6월 지나서는 녹음이 울창했다. 그런데도 현충원은 일반인이 들어가지 못하는 곳이라고 생각해서 한 번도 가본 적이 없었다. 현충원에 처음 들어가본 것은 그로부터 10여 년이 훌쩍 지나 아이들과 함께였다.

아마도 나처럼 현충원은 민간에 개방하지 않는 곳이라 여겨 가보지 않는 사람들이 있을 것이다. 물론 현충원은 공원이나 놀이공간이 아니다. 만약 아이들과 현충원을 처음 방문한다면 현충원이 어떤 곳인지 설명해주도록 하자. 현충원 홈페이지에는 어린이 홈페이지가 있는데, 현충원과 현충일의 의미에 대한 플래시몹이 있다.

현충원은 사계절 다 좋지만 4월은 특히 더 가볼 만하다. 4월이면 수양버들처럼 양 옆에 길게 늘어진 벚꽃이 활짝 피며 매년 수양벚꽃행사가 열린다. 이 시기에는 군악대 퍼레이드도 열리고 주말에는 군악회 음악회, 활쏘기 체험도 할 수 있다. 현충원 홈페이지에 4월 수양벚꽃행사, 8월 무궁화행사 등 각 시기마다 하는 행사에 대해 자세한 안내가 나와 있으니 미리 확인하는 것도 좋겠다. 만약 현충일 기념식에 참가하고 싶다면 미리 참가 신청을 해야 한다.

현충원 안을 걷다 보면 정말 이렇게 넓은 잔디밭이 펼쳐져 있는 곳이 또 있을까 싶다. 몇 년 전 현충원에서 또래 친구들과 모임을 가진 적이 있었다. 벚꽃도 구경하고 봄기운도 만끽하고 싶어서였는데, 툭 터진 공간

이라 아이들이 뛰어놀기 좋았고 그늘도 많아서 도시락을 싸가지고 와서 봄 소풍을 즐기기에 안성맞춤이었다. 아이들은 비눗방울을 가지고 놀면서 신나게 뛰어다녔다. 현충원은 넓은 잔디밭이 갖추어져 있을 뿐 아니라 숲속 산책길도 잘 되어 있다.

현충원 안에 만남의 집이라는 식당이 있기는 하지만 도시락을 싸서 가져가도록 하자. 숲속 그늘이 있는 잔디밭에 돗자리를 펴놓고 도시락을 먹으며 봄 소풍의 즐거움을 만끽해보는 것은 어떨까?

넓은 잔디밭에서 할 수 있는 놀이

아파트에 살면서 아이를 키울 때 가장 힘든 일 중 하나는 아이에게 뛰지 말라는 말을 매번 해야 한다는 것이다. 사실 아이들은 마음껏 뛰어놀아야 하는데, 안타까운 현실이다. 야외의 넓은 잔디밭에 놀러 갔다면 이 공간에서만큼은 마음껏 뛰어놀게 해주자. 잔디밭에서는 뛰고 구르기만 해도 마냥 즐겁지만 간단한 놀이를 하면 더 즐거워진다.

달리기

넓은 잔디밭이나 광장에서 가장 쉽게 할 수 있는 놀이이다. 도착할 지점을 미리 정하고 아이와 함께 달려가면 끝! 처음에는 보조를 맞추며 달리다가 마지막에 살짝 져주는 센스가 필요하다.

무궁화꽃이 피었습니다

아이가 혼자여도 엄마랑 즐겁게 할 수 있다. 술래가 몸을 돌려 "무궁화꽃이 피었습니다"를 외치고 뒤를 돌아볼 때 몸을 움직이는 사람이 술래가 되는 놀이이다. 아이가 살짝 움직여도 모른 척해주자. 아이가 엄마 등을 치고 도망갈 때 "와~" 하고 잡으러 가면 너무 좋아한다.

풍선놀이

풍선은 아이들이 가장 좋아하는 장난감 중 하나이다. 소지하기가 간편해서 나들이나 여행을 갈 때에는 꼭 한두 봉지씩 챙겨가곤 한다. 풍선 하나만 있어도 다양한 놀이를 할 수 있다. 풍선에 바람을 불어넣고 놓아서 로켓처럼 날려보기도 하고, 공 대신 풍선으로 서로 주고받는 공놀이를 할 수도 있다. 풍선을 손으로 치면서 누가 더 오래 바닥에 떨어뜨리지 않나 내기할 수도 있다.

비눗방울

풍선놀이와 함께 어린 아이들이라면 누구나 좋아하는 놀이이지만, 집 안에서는 할 수 없는 놀이이기도 하다. 크고 작은 다양한 모양을 만들어볼 수 있는 비눗방울 놀이용품을 준비해서 가보자.

축구

남자아이들을 키우다 보니 차 트렁크에 축구공 하나쯤은 꼭 있다. 아이들이 세 명 이상만 되면 정말 열광하며 하는 놀이이다. 골대가 없어도 장소를 하나 정해서 그곳을 통과하면 골인이라고 정하고 시작해도 좋다.

토끼풀 반지, 팔찌, 왕관 만들기

여자아이들이 좋아하는 토끼풀 반지와 팔찌, 왕관 만들기를 해보자. 토끼풀은 잔디밭 주변에서 흔히 볼 수 있다. 아이와 함께 튼튼하고 굵은 토끼풀을 필요한 만큼 따서 줄기를 살짝 갈라서 꽃을 통과시키면 완성.

11

말들이 있는
푸른 초원에서
멋진 사진 찍기

원 당 종 마 목 장

종마목장은 한국마사회가 운영하는 목장으로, 아이들에게 자유롭게 뛰어노는 말들을 보여줄 수 있는 곳입니다. 도심에서 그리 멀지 않은 곳인데도 마치 강원도 대관령 같은 넓은 초원이 펼쳐지고 한가로이 풀을 뜯는 말들이 있는 멋진 풍경을 만날 수 있답니다.

경기도 고양에 위치한 원당종마목장은 도심에 이런 곳이 있을까 싶게 초원 위에서 뛰어다니는 말을 볼 수 있는 곳이다. 지하철 3호선 삼송역에서 마을버스를 타고 5분만 가면 눈앞에 시원한 초원이 펼쳐지는데, 마치 유럽의 한적하고 여유로운 시골 목장을 떠올리게 한다.

원당종마목장은 1997년 일반인들에게 개방된 곳으로, 한국마사회의 목장 중 가장 오래된 곳이다. 4킬로 길이의 산책로는 매주 수요일부터 일요일까지 운영되고, 하절기(3~10월)에는 오전 9시부터 오후 5시까지, 동절기(11~2월)에는 오전 9시부터 오후 4시까지 개방된다. 승마 체험 프로그램, 장제작업 견학, 말 관련 영화 상영 등 유소년들의 흥미를 자극할 만한 다양한 견학 프로그램이 있다.

종마목장은 서울 근교에서 말을 실컷 만져보고 같이 놀며 교감하는 기회를 가질 수 있다는 게 매력적인 곳이다. 매주 토, 일요일에는 어린이 승마 체험을 할 수 있다. 승마 체험에서 타는 말은 경주마가 아닌, 몸집이 작은 말이어서 아이들도 무서워하지 않고 잘 탄다. 말 먹이주기 체험도 가능한데, 토요일과 일요일 오전 11시부터 오후 4시까지 매 정시에 할 수 있다.

아이들과 종마목장을 방문했을 때 마침 작은 체구의 기수들이 경주마를 끌고 이동하고 있었다. 목장 입구에 기수 훈련에 대한 안내문이 있었는데 기수는 남녀 모두 체중이 49킬로그램 이하만 가능하다고 한다.

그래서인지 남자 기수들의 몸집이 어린아이처럼 작게 느껴졌다. 아이들도 걸어가는 말의 모습이 신기한지 눈을 떼지 못했다.

마사회에서 비영리로 개방하는 곳이라 식당이나 시설물은 별도로 없으며, 매점이 안에 있는데 음료와 컵라면 정도만 판매한다. 목장 안쪽으로 들어가면 한쪽 초지를 개방해놓아 도시락을 먹으며 쉴 수 있는 공간이 마련되어 있으니 도시락과 돗자리를 준비해가도 좋다. 밖에서 먹으려면 중산농원 바로 옆에 있는 서삼릉 보리밥집을 추천할 만하다. 이 동네는 원조 보리밥집으로 유명하다. 혹시 시간이 더 있다면 중산농원에서 고구마 캐기와 같은 체험도 할 수 있다.

나들이 전후 읽기 좋은 책

『나의 조랑말』(봄봄), 『수호의 하얀 말』(한림), 『검은 말 하얀 말』(단비어린이)

Information

주소 경기도 고양시 덕양구 서삼릉길 233

문의 031) 966-2998

이용시간 09:00~16:30, 월, 화요일 휴장

이용요금 무료

교통편 3호선 삼송역 5번 출구 ⋯ 41번 마을버스 환승 ⋯ 원당종마목장 하차

김포대교 ⋯ 자유로분기점 ⋯ 행주대교IC ⋯ 명지병원 ⋯ 원흥삼거리 ⋯ 농협전문대 ⋯ 원당종마목장

주차정보: 무료, 서삼릉과 같은 주차장을 사용하는데, 주차장이 협소해 주말에는 주차가 어려울 수 있다.

12

전망대에서
가슴까지 탁 트이는
풍경 감상하기

북 서 울 꿈 의 숲

공원을 둘러싸고 있는 넓은 숲과 미술관, 아트센터 등 문화공간이 있는 북서울 꿈의숲은 아이와 긴 시간을 보내기에 좋은 곳입니다. 북서울 꿈의숲에 있는 북카페에서 아이들이 자유롭게 그림책을 읽는 동안 엄마는 차 한 잔의 여유를 즐길 수도 있답니다.

북서울 꿈의숲은 서울 강북 쪽에 위치한 드넓은 공원이다. 2008년 드림랜드가 폐장한 후 서울시가 이 부지를 인수하여 공원으로 조성하고 2009년 10월에 개장했다. 연못, 정자, 잔디밭, 놀이터, 분수대, 숲길 등 자연을 느낄 수 있는 공간이 다양할 뿐만 아니라 아트센터, 미술관, 전망대, 북카페, 식당 등의 문화시설과 편의시설도 잘 갖추어져 있다. 이곳도 서울숲 공원과 마찬가지로 넓은 공간이라 아이들과 하루에 한꺼번에 다 둘러보기에는 벅찰 수 있다. 방문한 계절이 언제인지, 또는 아이가 하고 싶어 하는 활동이 무엇인지를 고려해서 동선을 짜보는 것이 좋다.

다양한 선택이 가능한 곳이지만 전망대 관람은 꼭 한 번 해보자. 처음 북서울 꿈의숲에 갔을 때, 전망대 건물까지 올라가는 엘리베이터가 있는 줄 모르고 걸어 올라갔다. 경사가 있는 숲길이었는데도 아이들은 자연물을 관찰하고 구경하느라 힘든 줄도 모르고 걸어갔다. 나무에 달린 열매들을 보고 "이 열매 먹을 수 있는 거예요?" 하고 물어보거나 나무 아래쪽에 하얗게 올라온 버섯들을 보며 "독버섯이다!" 하고 소리를 지르기도 했다. 거의 다 올라가서야 아트센터 2층에서 전망대 건물까지 엘리베이터가 운행된다는 사실을 알게 되었다. 전망대 건물 안에 들어서면 2층에서 경사형 엘리베이터를 타고 꼭대기까지 올라갈 수 있는데 높이가 139미터나 된다.

전망대에 들어서자 북쪽으로는 북한산, 도봉산, 수락산이 보이고 남쪽으로는 남산과 한강까지 한눈에 들어온다. 사방으로 시야가 탁 트여 있어 탄성이 절로 나왔다. 전망대를 구경하고 걸어 올라왔던 길을 다시 내려갈 때는 엘리베이터를 탔다. 사면이 유리로 되어 있어 모노트램 같기도 한 엘리베이터는 속도는 느렸지만 사면이 다 보여 아이들이 여간 신나하지 않았다.

북서울 꿈의숲에서는 매달 숲 체험 프로그램을 진행하는데, 6살 이상부터 프로그램에 참여할 수 있다. 꿈의숲 에코트레킹은 매주 일요일, 부모를 동반한 어린이를 대상으로 꿈의숲 인근의 오패산과 벽오산 숲길을 따라 걷는 프로그램이다. 인터넷으로 예약 가능하고(parks.seoul.go.kr), 참가비는 무료이다. 참고로, 이곳에 있는 미술관에서도 미술 프로그램이 무료이니 미리 예약해서 이용해보는 것도 좋다.

공원 안 편의시설로는 2개의 식당과 1개의 북카페가 있다. 중국식당 메이린은 전망대 옆에 위치해 있는데 주말이면 1시간씩 대기할 정도로 사람이 많다고 하니 미리 예약을 하고 가는 것이 낫다. 카페 드림은 아이들이 자유롭게 이용할 수 있는 키즈존과 어른들을 위한 공간이 별도로 나뉘어 있는 북카페이다. 아동용 책과 책상이 잘 갖추어져 있는데 보고 싶은 책을 자유롭게 꺼내서 읽어볼 수 있다. 아이들이 키즈존에서 책을 읽는 동안 나도 책을 골라 읽고 차 한 잔을 마시며 모처럼 휴식시간을 가졌다.

자동차를 가져간다면 동문(방문자센터) 주차장이 아닌 서문(전망대, 아

트센터) 주차장에 주차하는 것이 더 편리하다. 참고로, 공원 안 식당이
나 아트센터를 이용하면 받을 수 있는 주차 할인권은 서문 주차장에서
만 사용할 수 있다. 또 아이들이 주로 놀기 좋아하는 물놀이터나 바닥
분수, 미술관, 놀이터 등이 서문 주차장에서 가까워 동선을 줄이기에도
좋다.

나들이 전후 읽기 좋은 책

『숲 속에는 누가 살까?』(엔이키즈), 『겨울 숲 친구들을 만나요』(시공주니어), 『우리와 함
께 살아가는 곤충 이야기』(아이세움), 『아낌없이 주는 나무』(시공주니어)

근처에 가볼 만한 곳

로보카 폴리 교통안전공원

2014년 4월 중계동에 있는 어린이 교통공원이 로보카폴리 교통안전공원으로 바뀌어
문을 열었어요. 이곳 역시 무료로 입장할 수 있고, 체험 또한 미리 예약하면 무료로 할
수 있으니 함께 들러보는 것도 좋습니다.

Information

주소 서울시 강북구 월계로 173
문의 02) 2289-4001, dreamforest.seoul.go.kr
이용시간 연중 24시간 개방　　**이용요금** 무료
교통편 ① 1호선 석계역 7번 출구 ⋯ 성북 14 마을버스 환승
　　　　② 4호선 미아사거리역 1번 출구 ⋯ 강북 09, 11 마을버스 환승
　　　🚌 100, 147, 1124번 버스 ⋯ 북서울 꿈의숲 하차
　　　🚗 미아사거리 ⋯ 월계2교 사거리 ⋯ 북서울 꿈의숲 서문 주차장
　　　주차정보: 10분당 300원

13

한강공원에서
물놀이하고
캠핑하기

한 강 공 원 수 영 장

유아풀이 따로 있고, 놀이시설도 마련되어 있어서
아이들이 놀기에 더할 나위 없이 좋아요. 큰 튜브를
탈 수도 있어서 조금 큰 아이들은 신나게 놀 수 있
습니다. 서울 시내에서 여름에 물놀이하기에는 가장
저렴하고 가까운 곳이랍니다.

한강공원 수영장은 뚝섬, 여의도, 광나루, 망원, 잠실, 잠원의 총 6군데 지구의 공원 안에 있다. 보통 6월 말부터 8월 말까지 운영되는데, 저렴하고 시내에서 가까워서 가족들이 많이 찾는 물놀이 장소이기도 하다. 최근 몇 년 동안 공사가 단계적으로 진행되면서 유아풀, 주니어풀, 성인풀 등 수심별로 3개의 풀장으로 나뉘어 운영되고 주류 반입이 금지되면서 좀 더 정돈된 지금의 모습으로 바뀌었다. 주말이나 7월 말 8월 초의 성수기에는 많이 붐비지만, 7월 중순에 가면 대체로 여유로운 편이다. 어린 아이와 찾는다면 평일 오후나 주말 오전에 가는 것도 괜찮다.

우리는 잠원 한강 수영장을 주로 이용하는 편인데, 아침 9시부터 저녁 8시까지 운영되기 때문에 여름에는 한낮 더위가 가신 후에 가는 편이다. 보통 7월 중순이면 4시쯤에 가도 더운 편이고 물도 따뜻해서 유치원 하원 후 간단히 간식을 먹고 수영장으로 가면 딱 좋다. 해도 길어져서 바람만 많이 불지 않으면 물 좋아하는 우리 아이들은 폐장시간까지 물에서 나오지 않는다. 커다란 상어 튜브를 타고 놀거나 물총 놀이를 할 수도 있어서 아이들은 물놀이장 중에서도 이곳을 가장 좋아한다. 단, 물이 차고 더운 물이 나오지 않는 곳이라 해가 없으면 추운 편이다.

주중과는 달리 주말에는 개장시간인 오전 9시부터 사람들이 몰리기 시작하고 오후에는 주차하기도 힘들기 때문에 특히 서두르는 편이 좋다. 오전 10시만 넘어도 수영장에서 설치해놓은 대형 그늘막은 일찍 자리가

차기 때문에 그늘막은 가지고 가는 편이 좋다. 잠원 수영장은 일반 모자도 허용되지만, 여의도 수영장은 반드시 수영모를 착용해야 한다. 수영장별로 규정사항이 조금씩 다르니 미리 확인해보고 가자. 아이들을 위한 놀이시설도 수영장마다 조금씩 다르게 준비되어 있는데, 잠실, 잠원, 망원 수영장은 신나는 에어 슬라이드를 갖추었고, 광나루 수영장은 중앙의 터널 분수가, 뚝섬 수영장은 유수풀과 시원한 물줄기가 쏟아지는 아쿠아링으로 유명하다.

핫도그, 피자, 떡볶이, 김밥, 순대 등의 분식과 편의점에서 컵라면도 판매되고 있으나, 가격이 다소 비싼 편이고 어린 아이들을 위한 음식이 없는 편이므로 먹을거리를 적당히 준비해가는 편이 좋다. 큰 천막으로 된 탈의실과 야외 샤워시설도 한쪽에 마련되어 있는데, 샤워는 찬물로 헹굴 수 있는 수준이고 비누나 그 밖의 것들은 준비해가야 한다.

이곳의 가장 큰 장점 중 하나는 입장료가 저렴하다는 점이다. 6살 미만 어린이는 무료이고, 다둥이카드가 있으면 50퍼센트 할인도 된다. 또, 7월에는 소셜커머스를 통해 할인권을 구매하면 더욱 저렴하게 이용할 수 있다. 단, 아이 나이를 증빙할 수 있는 서류를 반드시 지참해야 한다.

이곳을 즐기는 또 하나의 방법은 한강지구 캠핑장을 신청하는 것이다. 2014년부터 여의도, 잠원, 잠실, 뚝섬 한강지구에서 여름철 캠핑장을 운영하고 있는데, 수영장 옆쪽으로 캠핑장이 설치되므로 수영장에서 수영하고 나와 여름밤을 한강에서 보낼 수도 있다. 첫해에는 취사 금지였지만, 2015년부터는 바베큐존을 설치해 취사가 가능해졌다.

아이들을 대충 씻겨서 나오면 주차장 옆 놀이터로 또 달려간다. 이곳에 놀이터가 있는 것을 알고 난 후부터는 그냥 지나치는 법이 없다. 깜깜한 밤이 되도록 뛰어노는 아이들을 보면 어디서 저렇게 힘이 솟아나는지 감탄스럽다.

나들이 전후 읽기 좋은 책

『수박 수영장』(창비), 『나도 수영할 수 있어요』(시공주니어), 『신기한 수영장』(아이맘), 『수영장에 간 날』(논장), 『수영장 사건』(비룡소)

Information

주소 서울시 서초구 잠원동 잠원고수부지 수영장
문의 02) 536-8263 www.seoul.go.kr/event/hanriver
이용시간 09:00~20:00
이용요금 성인 5,000원, 아동(6~12세) 3,000원, 6세 미만 어린이 무료(서류 필히 지참), 다둥이, 장애인, 국가유공자 50% 할인
교통편 🚇 3호선 압구정역 6번 출구, 신사역 5번 출구 ⋯ 143, 351, 352, 4318번 버스 환승 ⋯ 잠원 한신 아파트 하차
　　　　🚗 한남대교 아래에서 잠원동 방향
　　　　주차정보: 수영장 이용시 주차요금 50% 할인(도장 받을 것), 최초 30분 1,000원, 초과 10분당 200원, 1일 주차 10,000원

14

소리분수로
유명한
호수공원 나들이

(서) (서) (울) (호) (수) (공) (원)

서서울호수공원은 넓은 잔디밭에서 공놀이를 하기
만 해도 신나게 하루를 보낼 수 있는 곳이랍니다. 무
엇보다 비행기가 지나갈 때마다 볼 수 있는 소리분
수는 몇 번을 봐도 질리지 않아요. 돗자리와 도시락
만 있다면 봄, 가을의 소풍 장소로는 안성맞춤인 곳
입니다.

서서울호수공원은 원래 수돗물을 생산하는 정수장이었는데, 2009년 시민공원으로 재탄생했다. 공원 한가운데에 커다란 호수가 있고, 그 주변에 몬드리안 정원, 100인의 식탁, 열린 풀밭, 재생 정원 등이 조성되어 있다. 중앙 호수는 정수장이었던 시절의 취수장을 호수로 만들고 수생식물을 심어 아름다운 경관을 살린 곳이다. 이 호수는 서서울호수공원에서 아이들이 가장 좋아하는 곳 중 하나이기도 한데 바로 이 중앙 호수에 소리분수가 있기 때문이다.

원래 서서울호수공원이 위치한 신월동 일대는 하루에도 수많은 비행기가 지나가는 곳이다. 소리분수는 비행기 소리가 들릴 때마다 자동으로 물줄기를 뿜어내도록 설계되었다. 사실 비행기가 지나갈 때 나는 소음은 듣기만 해도 시끄러운데 비행기가 지나가면 분수가 뿜어져 나오니 오히려 언제 비행기가 지나가나 기다리기까지 하게 된다. 지형의 단점을 이보다 더 훌륭하게 극복한 곳이 어디 있으랴 싶다.

공원 안에는 아이들이 신나게 뛰어놀 수 있는 잔디밭도 있다. 놀러 간 날 마침 근처의 유치원에서 놀러 온 또래 친구들이 있었다. 커다란 헝겊공을 가져와서 차면서 놀고 있었는데 엄청나게 큰 공을 본 아이들이 달려가서 함께 공을 차며 뛰어놀기 시작했다. 아이들은 처음 본 친구들과도 금세 친구가 되어 놀았다. 공 하나만 있어도 친구가 되는 아이들의 세계가 새삼 부러웠다.

서서울호수공원 안에는 아이들이 좋아할 만한 또 다른 장소도 있다.

모래놀이터와 야외 물놀이터도 인기 있는 곳이다. 이곳의 모래놀이터는 모래가 정말 풍부하고 깊숙하다. 모래놀이터에서 놀 때는 털썩 주저앉아 온몸이 모래투성이가 된다. 그래도 뭐가 그리 신나는지 깔깔대고 웃느라 정신이 없는 모습이다.

한여름이면 물놀이터에 놀러 간다. 물이 나오는 시간에 맞추어 그늘쪽에 돗자리를 깔고 느긋하게 기다리면 된다. 물이 나오기 시작하자 아이들이 뛰어나가서 신나게 물놀이를 했다. 물놀이 후에 덮어줄 큰 수건과 여벌옷은 필수이다. 서서울호수공원 안에는 매점이나 식당 등 음식을 사먹을 수 있는 곳이 없으므로 식사를 하려면 도시락을 싸가야 한다. 물놀이터 바로 옆으로 통하는 거리 쪽에 가게들이 있어서 아이들 간식 정도는 사올 수도 있다.

나들이 전후 읽기 좋은 책

『유모차 나들이』(비룡소), 『개미들의 소풍』(한림), 『비오는 날의 소풍』(황금여우), 『연못 이야기』(웅진주니어), 『치토의 고물 비행기』(키즈엠), 『연못과 자연의 친구들』(다산기획)

Information

주소 서울시 양천구 남부순환로 64길 20

문의 02) 2604-3004, parks.seoul.go.kr/template/default.jsppark

이용시간 연중 24시간 개방

이용요금 무료

교통편 ① 5호선 화곡역 7번 출구 ⋯ 652, 6627번 버스 환승

② 2, 5호선 까치산역 4번 출구 ⋯ 653번 버스 환승

651, 652, 653, 6625, 6627번 버스 ⋯ 서서울호수공원 정류장 하차

주차정보: 주차장 없음. 대중교통 이용

15

시원한
저녁바람 아래
연등축제 즐기기

봉 은 사

지하철이나 버스 등 대중교통을 이용해서 찾아가기도 쉽고, 근처에 코엑스, 맛집 등 다양한 즐길거리가 있어서 휴일 나들이 코스로 가볼 만합니다. 주말 낮 주차장에서는 먹거리 장터와 지방 특산물 장터가 열려서 봉은사 장터를 아이들과 구경하는 것도 재미납니다.

종교는 없지만 우리집 연례행사 중 하나는 석가탄신일 주간에 봉은사를 방문하는 일이다. 어느덧 3년이 되었다. 봉은사는 서울 도심에 있는 큰 사찰 중 하나로 석가탄신일 주간이면 '전통 등 전시회'가 크게 열린다. 이때는 불교신자가 아닌 방문객도 많은 편이고, 가족 나들이로 오는 사람도 많다.

코엑스 북쪽에 위치한 봉은사는 1,200년의 유구한 역사를 자랑하는 오래된 사찰이다. 794년 연희국사에 의해 창건된 봉은사는 원래 견성사라는 이름이었다가 연산군 4년 1498년부터 봉은사라는 이름을 사용하기 시작했다.

봉은사는 추사 김정희 선생이 말년을 보냈던 곳이기도 하다. 김정희 선생은 봉은사에 머물며 추사체를 완성하기도 했는데 봉은사에서 가장 오래된 건물인 판전의 현판은 그가 71세 때 쓴 마지막 글씨라고 한다.

석가탄신일 당일에는 사람들로 너무 붐비니, 석가탄신일 전후의 주말이나 그 전날 밤에 방문하면 다양한 모양의 멋진 전통 등과 연등을 구경할 수 있다. 서울 도심 한복판에서 만나는 전통 등의 향연은 그야말로 아름답다는 말이 절로 나온다. 이른 저녁을 먹고 6시 30분쯤 봉은사에 들어가면 서서히 어둠이 내리고, 7시면 깜깜해져서 연등들이 더욱 멋진 자태를 뽐낸다.

매년 조금씩 달라지지만 보통 사찰로 들어가는 입구에는 사천왕상의 연등들이 지키고 있고, 대웅전으로 올라가는 길에는 동물, 물고기, 연

꽃, 달마 형상을 한 큰 연등들이 전시되어 있다. 아이들이 4살이었을 때 등을 처음 본 아이들은 커다란 동물 모양의 등이 어떻게 빛이 나는지 신기해서 그저 뛰어다니며 구경하기에 바빴는데, 이제는 어떤 등이 마음에 드는지, 어떤 이야기를 하고 있는 것 같은지 감상을 이야기할 만큼 자랐다.

대웅전 앞에서 보면 검푸른 하늘에 붉은 연등들이 줄을 이어 매달려 있는데 이 또한 장관이다. 대웅전 위 돌계단에 올라서보자. '도심 속 사찰'이라는 말이 실감나는 풍경이 내려다보이는데, 봉은사의 사찰과 건너 편 고층 건물의 묘한 어울림이 있다.

계단을 따라 올라갔다가 왼쪽 언덕 쪽으로 내려오다 보면 전래동화에

등장하는 인물들을 등으로 만든 작품들이 전시되어 있다. 대웅전 아래 입구에는 연등 만들기 대회에서 입상한 아이들의 연등들이 전시되어 있는데, 고사리 손으로 그림을 그리고 소망을 적은 알록달록한 연등에 불이 들어오면 그 어떤 멋진 등보다도 아름답다. 연등에 그림을 그리는 행사에 한 번쯤 참여해보아도 좋을 것 같다. 꼭 봉은사가 아니더라도, 한낮의 더위가 물러간 5월의 저녁에 근처 사찰로 아이와 산책을 나서보는 건 어떨까?

16

드넓은 호수공원에서 자전거 타기

고 양 시 호 수 공 원

넓은 호수 주위로 산책로가 잘 갖추어져 있어 유모차를 끌면서 산책할 수도 있고 아이들과 걷거나 쉴 수도 있습니다. 언제 가도 편안한 곳이지요. 4~5월에는 꽃축제가, 6월에는 장미축제가 열리는 등 볼거리도 풍부한 곳입니다.

 고양시 호수공원은 중앙의 호수를 빙 둘러서 산책로가 넓게 펼쳐져 있고 테마정원과 전망동산 등이 조성되어 있다. 호수를 중심으로 자전거 전용도로, 산책로가 조성되어 있고 습지 생태공원과 전통정원, 야외무대, 노래하는 분수대, 월파정, 전시관 등 다양한 시설을 갖추고 있는 곳이다. 비록 인공호수이긴 해도 일산에 있는 유일한 호수공원으로, 자전거나 인라인을 가지고 가서 마음껏 탈 수 있고 산책로가 따로 있어 편안하게 아이들과 산책하기에 좋다. 그래서인지 호수공원 주변에는 자전거 대여점이 많다. 아이에게 맞는 자전거를 골라서 타거나

성인용 자전거와 트레일러를 함께 빌려서 연결해 탈 수도 있다.

　호수공원은 중앙의 달맞이섬을 경계로 두 부분으로 나뉜다. 달맞이섬에는 월파정이라는 팔각정자가 있고 달맞이섬 북쪽은 편안하게 산책할 수 있는 산책로 중심으로 구성되어 있다. 호수공원 북쪽 끝에는 노래하는 분수대가 있는데 이 분수대 역시 호수공원의 대표 볼거리 중 하나이다. 겨울을 제외한 4~10월에 주말 저녁마다 음악에 맞춰 분수쇼가 벌어진다. 노래하는 분수대는 여름날 저녁에 특히 인기가 많다. 분수가 잘 보이는 자리에 돗자리를 펴고 분수쇼를 구경하다 보면 한여름 더위를 잊을 만큼 즐거운 추억이 된다.

　호수공원 안에는 아이들이 방문하기 좋은 작은 동물원과 자연학습원
도 있다. 작은 동물원에는 미어캣, 양, 토끼, 염소 등이 있다. 투명한 담
으로 둘러싸여 있어 어린 아이도 안을 들여다보기 편하게 되어 있다. 자
연학습원은 조류 등의 동물을 볼 수 있는 곳이다. 두루미와 같은 큰 조
류가 있다. 이곳에 처음 갔을 때 두루미가 있는 곳의 표지판에 단정학
이라고 쓰여 있었다. 두루미와 단정학이 같은 새라는 것을 그때 알게 되
었다. 두루미는 우리나라 천연기념물 202호인데, 천연기념물 1호는 대구
에 있는 측백나무숲이라고 한다. 아이들과 같이 다니다 보니 엄마도 하
나씩 배우게 된다. 작은 동물원과 자연학습원은 노래하는 분수대 옆쪽
에 위치하고 있으며, 제1주차장에서 가깝다.

낙엽이 많이 떨어지는 가을에 갔더니 단풍길을 산책하는 재미도 좋았다. 호수공원 안에는 편의점 정도만 있으니 도시락을 싸가서 먹거나 호수공원 밖의 식당을 이용해야 한다.

호수공원에서는 매년 4월 26일 전후로 규모가 큰 행사인 꽃박람회가 열린다. 세계꽃박람회 기념 전시관은 박람회 기간에만 개방하는데, 자연학습원 안에는 108종의 식물들이 화려한 색을 뽐낸다. 이 기간에는 방문객이 많아서 오전 일찍 다녀오는 편이 좋다. 호수공원에 공영주차장이 있으나 주말이나 꽃박람회 기간에는 주차장이 항상 붐빈다. 꽃박람회 기간에는 근처에 무료 주차장을 안내하니 그곳을 이용할 수 있다.

나들이 전후 읽기 좋은 책

『아기 곰과 나뭇잎』(시공주니어), 『소풍』(토토북), 『오리 형제가 습지로 간 비밀』(리젬), 『엄마와 함께한 산책』(베틀북), 『공원 아저씨와 벤치』(크레용하우스)

Information

주소 경기도 고양시 일산동구 호수로 595
문의 031) 8075-4351, www.lake-park.com
이용시간 4~10월 05:00~22:00 11~3월 06:00~20:00
이용요금 무료
교통편 🚈 3호선 정발산역 2번 출구 ⋯ 도보 10분
　　　🚌 770, 7727(신촌), 830, 9709(영등포), 200(합정), 706, 1000, 2000, 9701, 9714(서울역), 108(여의도), 9700, 9711(강남역), 3300, 33, 150번 공항버스 ⋯ 일산동구청 하차 ⋯ 도보 10분
　　　🚗 자유로 ⋯ 장항IC ⋯ 호수공원
　　　주차정보: 최초 30분은 300원, 초과 10분당 100원. 제1주차장은 동물원,노래하는 분수대, 제2주차장은 장미원, 제3주차장은 한울광장, 꽃전시장, 제4주차장은 폭포광장에서 가깝다.

17

한강에서
눈썰매 타고
빙어낚시 하기

한 강 공 원 눈 썰 매 장

한강공원 눈썰매장은 규모가 크지 않고 슬로프도 경사지지 않아서 어린 아이들이 눈썰매를 체험하기에 딱 좋은 곳입니다. 어린 아이들은 눈썰매만큼이나 눈놀이를 좋아하니 여벌의 장갑을 꼭 챙겨가세요.

봄, 여름, 가을, 겨울, 사계절 모두 즐기기 좋은 한강공원이지만, 특히 겨울에는 눈썰매장이 기다리고 있다. 원래 뚝섬 지구만 개장하다가 여의도 지구에도 눈썰매장이 운영되기 시작했다. 12월 중순부터 두 달간 운영되는 한강공원 눈썰매장은 크지 않고 많이 경사지지 않아 4~6살 어린 아이들이 눈썰매를 경험해보기에 좋다. 슬로프가 길지 않아 7살 정도면 혼자 튜브를 가지고 올라가서 타고 내려올 수 있다. 또, 썰매장 한쪽에 자유롭게 이용할 수 있는 플라스틱 썰매가 많이 비치되어 있어 큰 아이들은 혼자서 썰매에 앉아 언덕에서 미끄럼을 타기도 하고, 어린 아이들은 어른들이 끌며 다니기도 한다. 식당이나 편의 시설이 부족한 편이므로 따뜻한 음료 같은 것을 준비해가면 좋다.

이곳에는 눈썰매 말고도 몇 가지 작은 놀이기구들이 운영되고, 마술 쇼 관람이나 빙어잡기 같은 체험도 진행된다. 이런 놀이기구나 관람 등을 이용하려면 종합이용권을 구매해야 하고, 빙어잡기와 유로번지점프는 별도의 체험비를 내야 한다. 5살 때만 해도 눈썰매 타는 재미에 다른 것은 둘러보지도 않아서 종합이용권을 구매하지 않았는데, 7살이 되니 어찌나 하고 싶은 게 많은지 이것저것 다 해보느라 배보다 배꼽이 더 컸다. 유로번지점프도 한 번으로 아쉬워하더니, 빙어잡기를 하고 나서도 잡은 빙어를 튀겨 먹겠다는 아이들. 설마 먹을까 했는데 잡은 빙어를 매점에 들고 가 튀겨주니 맛있다며 두 접시를 싹싹 해치웠다.

겨울철이 되면 소셜커머스에서 조기 예매 할인권을 판매한다. 방학

동안 자주 가겠다며 할인권을 잔뜩 구매했다가 겨울 동안 따뜻한 날씨가 계속 되는 탓에 많이 못 가서 주변에 할인권을 다 나눠주었다. 다둥이카드는 상시적으로 반값으로 할인되니, 미리 많이 사둘 필요가 없다는 걸 나중에 알게 되었다. 서울시 공공시설은 대부분 다둥이카드 할인이 있으므로 미리 확인해서 활용해보자.

Information

주소 서울시 광진구 강변북로 139

문의 02) 452-5955

이용시간 12~2월 09:00~17:00(휴무없이 운영)

이용요금 입장권 6,000원(눈썰매장, 눈놀이동산, 민속놀이 체험 등), 36개월 이상 눈썰매 이용 가능, 자유이용권 10,000원(에어바운스, 회전그네, 마술공연 등 포함), 빙어잡이 4,000원, 유로번지 3,000원

교통편 ① 7호선 뚝섬유원지역 2, 3번 출구

② 2호선 건대역 3번 출구

2014, 2221, 2222, 2223, 2415번 버스

① 강변북로(구리시 방향) … 영동대교 지나 바로 우측의 공원진입로 이용

② 강변북로(일산 방향) … 청담대교 지나 화양리 방향 표시가 있는 영동대교 북단 사거리에서 우회 … 800미터 지점 사거리에서 우회전하여 진입

주차정보: 뚝섬 한강공원 주차장 이용, 최초 30분 1,000원, 초과 10분당 200원, 일요일 무료

18

아름답고 깨끗한 목장에서 낙농 체험하기

농 도 원 목 장

농도원은 이곳이 목장이 맞나 하는 생각이 들 정도로 깨끗한 목장입니다. 게다가 낙농 체험을 진행하는 직원분들이 젖소, 송아지를 많이 배려하고 아끼는 모습을 보여줘서 아이들에게도 동물을 사랑하는 마음이 전해지는 것 같아 참 보기 좋았어요.

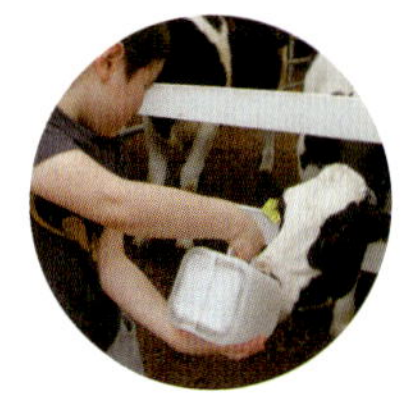

송아지 우유 먹이기, 건초 주기, 치즈 만들기 등의 낙농 체험 프로그램을 운영하는 곳은 서울 근교에만도 몇 곳이나 된다. 처음엔 이곳 농도원 얘기를 그냥 흘려들었는데, 다녀온 친구가 SNS에 올린 사진 속 초록 들판을 보자 꼭 한 번 가봐야겠다는 생각이 들었다. 이곳은 사전예약이 필수이다. 홈페이지에 들어가서 체험하려는 날짜를 선택하고, 인원수에 맞게 체험비를 송금하고 예약완료 문자를 기다리면 된다.

우리가 농도원을 가기로 한 날은 어린이날 연휴가 시작되는 날이어서 영동고속도로에서 에버랜드 들어가는 마성IC까지 정체되는 바람에 체험시간에 그만 늦고 말았다. 전화를 해보니, 다행히 먼저 온 두 팀을 진행하고 나머지 두 팀은 조금 늦게 시작한다고 무리하지 말고 오라고 한다. 고속도로를 빠져나와 동네 어귀로 접어드니 언젠가 와본 적이 있는 용인 농촌 테마파크 근처였다. 이곳에 농장이 있었나 하는 순간 목장 입구에 다다랐고, 눈앞에 그야말로 초록 세상이 펼쳐졌다. 넓은 잔디밭과 우거진 초록 나무들, 하얀 집을 보는 순간 '와' 소리가 절로 나왔다. 우리나라에서 가장 아름다운 목장으로 선정되었다는 홈페이지의 소개 글대로 탄성부터 나올 정도로 아름다운 목장이 그곳에 있었다.

체험은 팀별로 이동을 하며 진행되는데, 우리 팀은 치즈 만들기부터 했다. 초입의 하얀 집이 체험장이다. 체험장에는 손을 먼저 씻고 입장하게 되는데, 입구 옆에 화장실과 아이들 키에 맞춘 예쁜 개수대가 마련되

어 있다.

치즈 만들기를 끝내면 치즈와 크래커, 어른들은 와인 한 잔을 한 뒤 송아지 우유 주기, 건초 주기 체험을 하러 간다. 보통 목장은 초입부터 냄새가 많이 나는 편이고 날이 더우면 더 심해질 수 있는데, 이곳은 축사 근처에 가기 전까지는 냄새가 생각보다 많이 나지 않았다. 아이들이 어렸을 때는 우유 주기 체험 때 힘센 송아지에게 우유병을 빼앗기기도 했는데 이제는 폼이 제법 그럴싸하다.

두세 시간 체험만으로 끝나는 다른 곳과 달리 농도원은 오전 10시 20분부터 오후 3시까지 종일 프로그램으로 진행된다. 그 사이 점심시간이 1시간 반 정도 주어지는데, 이 점심시간이야말로 농도원의 가장 큰 매력이다. 여기저기서 돗자리를 깔고 앉아 가져온 도시락을 꺼냈다. 다녀온 사람들의 체험기를 살펴보니 대부분 도시락을 싸간다고 해서 아침에 부랴부랴 있는 반찬과 밥으로 도시락을 준비했는데, 싸오길 정말 잘했다 싶었다. 높은 하늘, 넓은 잔디밭에서 먹으니 별거 없이도 맛있었다. 아이들은 밥을 먹는 둥 마는 둥 하고는 친구들과 술래잡기, 달리기가 한창이다.

1시간 반의 점심시간이 후딱 지나고 오후 체험시간이 이어졌다. 소금을 냉매제로 해서 우유만으로 만든 아이스크림으로 후식을 먹은 후, 덜컹덜컹 트랙터 타기, 젖소 젖짜기 체험을 하게 되었다. 생각보다 젖소가 너무 커서 어른들도 망설이고 무서워하는데 아이들은 용감하게 젖도 잘 짜고, 멸균 상태인 젖소 젖을 먹어보며 고소하고 따뜻하다고 말했다. 이렇게 농도원의 프로그램이 모두 끝난다. 농도원은 가족끼리의 방문도 좋지만, 여럿이 가면 더 즐거운 곳이기도 하다.

6월 초중순 경에는 반딧불이 체험도 할 수 있는데, 반딧불이가 처음 출현한 시점에 홈페이지를 통해 공지하고 6월 중 단 2회, 회당 10팀의 가족만 선착순으로 접수받는다. 농도원을 한 번이라도 방문한 가족들을 위한 무료 행사라고 한다. 꼭 한 번 해보고 싶은 체험이다.

Information

주소 경기도 용인시 처인구 원삼면 원양로 377번길 1-34
문의 031) 321-0445, www.nongdo.co.kr
이용시간 10:00~15:00, 1일 1회 체험, 인터넷 사전예약 필수
이용요금 대인 25,000원, 소인(만 12세 이하) 23,000원, 24개월 미만 유아는 무료, 주중에는 치즈 만들기를 뺀 기본 체험으로 신청 가능 15,000원, 주말에는 송아지 우유 주기, 건초 주기+젖짜기+트랙터 타기+아이스크림 만들기+치즈 만들기의 낙농 체험만 가능
교통편 76-6, 76-11번 버스
경부고속도로 ⋯ 신갈 ⋯ 영동고속도로 ⋯ 마성, 용인 ⋯ 양지IC ⋯ 백암, 진천 방향으로 3킬로 직진(17번도로) ⋯ 원삼 사거리 ⋯ 사암리 방향으로 우회전 2.5킬로 ⋯ 저수지 입구 첫 번째 다리 건너며 우측 ⋯ 농도원 목장
주차정보: 입구에서 주차 안내

19

바람 부는
언덕 위에서
연날리기

규모가 큰 잔디밭이 있어서 아이들과 신나게 달리기를 할 수 있는 곳입니다. 워낙 넓어서 사람이 많아도 별로 붐비는 느낌 없이 놀다 올 수 있어요. 푸른 하늘과 초록빛 잔디밭을 배경으로 아이들 사진 찍기에도 그만입니다.

임진각에 조성된 복합문화공간인 평화누리공원은 바람의언덕에 있는 바람개비로 특히 유명하다. 북한이 보이는 전망대가 있는 임진각과 통일을 기원하는 조형물이 있는 평화누리공원, 평화의 종 등이 모여 임진각 국민관광지가 되었다. 서울역에서 출발하는 경의선을 타고 문산역에서 내려 문산~도라산 관광열차를 타고 올 수 있는데, 잠깐이나마 기차 여행의 묘미도 느껴볼 수 있다. 공원에 도착하면 건너편 쪽에 놀이동산 평화랜드가 한눈에 들어온다. 놀이동산을 이용하진 않았지만 시간이 넉넉하다면 들러볼 만하다. 이 외에도 미술관, 체험관, 박물관 등 여러 시설을 이용할 수도 있다.

공원 입구에 들어서면 가장 눈에 띄는 것이 각양각색의 연과 바람개비이다. 방패연, 독수리연, 무당벌레연 등 커다란 연들이 하늘 높이 날아다닌다. 우리도 입구에 있는 가게로 가서 연을 사서는 언덕 위에 올라가 연을 날려보았다. 연줄을 감고 푸는 과정이 생각만큼 쉽지는 않았지만 주변 어른들의 도움을 받아가며 열심히 연을 날렸다.

바람의언덕에 있는 수많은 오색 바람개비들은 바람이 불 때마다 힘차게 돌아갔다. 바람개비가 꽂혀져 있는 막대 사이사이로 술래잡기 놀이를 하고 놀았다. 언덕 근처에는 토끼풀과 꽃들이 많이 피어 있는데, 어릴 적 기억을 떠올리며 토끼풀로 팔찌를 만들어서 아이들과 하나씩 나눠 찼다. 하나 둘 셋 구령에 맞춰 힘차게 파이팅도 외쳐본다.

햇살 강한 날에 평화누리공원을 간다면 그늘막을 꼭 챙겨가야 한다.

그늘막이 없다면 모자나 썬크림이라도 꼭 챙기자. 이곳은 숲처럼 나무가 우거진 곳이 아니기 때문에 그늘이 별로 없다. 뜨거운 햇볕 아래에서 놀다가 아이들이 금방 지칠 수 있으니 그늘에서 쉴 수 있도록 그늘막을 가지고 가거나 집이 멀지 않으면 아예 해 질 무렵에 가는 편이 좋다. 평화누리공원 안에는 카페, 레스토랑과 체험관 등이 잘 갖추어져 있다. 공원 안 레스토랑에서 식사를 할 수도 있고 도시락을 싸가지고 와서 그늘막 안에서 먹을 수도 있다.

누리공원 안에는 평화통일 마라톤에 참여했던 분들이 소원을 적어

매달아놓은 노란색 리본들이 있었는데, 아이들과 함께 리본에 쓰인 글
을 읽으며 통일을 기원하는 마음에 대해 말해주었다. 물론 7살 아이들
에게 우리나라의 분단 현실에 대해 설명하는 게 쉽지 않았지만, 평화에
대한 생각을 함께 나누기에 좋은 기회가 되는 곳이다.

나들이 전후 읽기 좋은 책

『나뭇잎 연날리기』(키즈엠), 『바람이 좋아요』(마루벌), 『각시각시 풀각시』(사파리), 『통일의
싹이 자라는 숲』(마루벌), 『비무장지대에 봄이 오면』(사계절)

Information

주소 경기도 파주시 문산읍 사목리 494-1
문의 031) 956-8303, www.imjingak.co.kr
이용시간 연중 24시간 개방
이용요금 무료
교통편 🚃 경의선 문산역 ⋯ 문산～도라선 관광열차 이용 ⋯ 임진강역 하차
⋯ 도보 5분
🚌 ① 909번 버스 ⋯ 문산터미널 하차
② 58번 버스 ⋯ 임진각 하차
🚗 자유로 ⋯ 마정IC 분기점 ⋯ 판문점 방면으로 진출
주차정보: 1일 주차 소형 2,000원, 중형 3,000원, 대형 5,000원

20

고층빌딩 속 쉼터,
조선왕릉 산책하기

선 릉 공 원

강남의 테헤란로 빌딩들 사이로 큰 규모의 숲이 조
성되어 있었다는 사실에 놀라게 되는 곳입니다. 능
뒤쪽으로 산책길이 잘 되어 있고 그늘이 많아 아이
들과 봄, 가을에 산책하기 좋아요. 무엇보다 휴일에
도 사람이 붐비지 않아 한적하게 나들이를 즐기고
올 수 있답니다.

선정릉은 지하철 2호선 선릉역에서 100미터 거리에 있는 곳이다. 겉에서 보면 작아 보이지만 안으로 들어가보면 끝없이 이어지는 아름다운 숲길에 깜짝 놀라게 된다. 고층빌딩들로 빼곡한 강남 테헤란로에 이런 곳이 있었나 싶다. 특히 능 안쪽으로 들어가면 숲길이 나오는데, 요란하고 복잡한 도심 속에서 호젓함을 만끽할 수 있다.

서울의 주요 문화재 대부분은 옛 한양이 있었던 강북에 집중되어 있다. 현존하는 유적지 가운데 강남 지역에 조성된 대표적인 유적지 중 한 곳이 이곳 선정릉이다. 선정릉에는 조선의 성종과 그의 계비 정현왕후, 그리고 성종과 정현왕후 사이에 태어났으며 훗날 왕위에 오르는 중종의 능이 있다. 엄밀히 말하면 선릉은 성종의 능과 정현왕후의 능을 지칭하고, 정릉은 중종의 능 이름이다.

6살 때까지만 해도 역사적인 장소에 가도 특별히 설명을 하거나 의미에 대해서 이야기하려고 하지는 않았다. 지금 듣는 이야기를 다 기억할 것 같지는 않아서였다. 하지만 유적지를 설명하는 안내문 정도는 읽어주는 편인데, 그러면서 나 역시도 새롭게 알게 되는 것들이 많다.

작은 입구를 지나면 홍살문이 나오고, 그 뒤로 제사를 지내는 곳인 정자각이 제일 먼저 보인다. 정자각까지 이어지는 길은 신도와 어도로 나뉘어 있다. 폭이 좀 더 넓은 쪽이 신도이고 바로 옆에 좁은 길이 어도인데, 신도는 혼령을 위한 길이어서 임금이 행차해도 신도가 아닌 어도를 따라 걷는다고 한다. 정자각 옆으로 제사 음식을 준비하는 수라간이

있다.

정자각을 중심으로 왼편이 성종의 능이고 오른편이 정현왕후의 능이다. 그리고 계단을 따라 작은 산을 넘어가면 정릉으로 이어지는데, 아이들과도 산책하듯이 걷기에 좋은 길이다. 그렇게 쉬엄쉬엄 걷다 보면 벤치가 있는 공간이 나오는데 잠시 앉아 새소리, 바람소리 들으며 쉬었다 가기도 한다. 이곳에는 500년 된 은행나무가 있는데, 아이들에게 이 나무의 나이가 500살이나 되었다고 이야기하면 깜짝 놀란다. 가을에는 은행나무에서 노란 은행잎이 수북이 쌓여 단풍구경도 실컷 할 수 있다. 정릉에도 마찬가지로 홍살문과 정자각, 그 뒤로 능이 보인다. 정자각 앞에서 홍살문 쪽을 바라보면 그 너머로 거대한 빌딩들이 늘어선 풍경이 이채롭다.

이곳은 언제 가도 고즈넉하다는 느낌이 든다. 사람이 많은 곳에 다니느라 지쳤다면 선릉공원을 추천하고 싶다. 여름에 가도 그늘이 많아 쉴 곳이 많고 숲길을 따라 산책하기에 좋은 곳이다. 지하철 선릉역에서 가까우니 봄나들이 삼아 지하철을 타고 걸어가봐도 좋겠다. 선릉 안에 매점은 없으며 음식물 반입이 안 되므로, 필요하다면 간단한 음료와 간식거리 정도만 준비해가도록 하자.

• • •

질문을 쏟아내기 시작하는 4살 정도가 되면 박물관이나 과학관, 미술관 나들이를 계획하게 된다. 여기서는 직접 보고 만져보고 체험해보는 경험을 통해 과학 원리를 자연스럽게 몸으로 느끼고, 상상력과 예술에 대한 감수성을 키워나갈 수 있는 곳들을 소개해보았다. 또, 야외에 자연 공간이 잘 갖추어져 있어서 아이들이 즐길 수 있는가도 고려했다.

궁금한 것이 많은 아이를 위한
호기심 탐험 나들이

은하 사진관
복덕방
도장
불조심
탄공

21

우리 아이 첫
박물관 나들이

국 립 민 속 박 물 관
어 린 이 박 물 관

박물관 관람은 보통 6, 7살 정도 되어야 할 수 있을 거라 생각하잖아요. 그런데 이곳은 상설 전시나 특별 전시 모두 아이들이 만져보고 체험해보고 몸으로도 놀아볼 수 있는 공간으로 꾸며져 있어서, 두 돌이 지난 아이라면 전래동화를 모르더라도 재미있게 놀 수 있답니다.

국립민속박물관은 민속생활사박물관으로 선사시대부터 현대에 이르는 생활공간과 용품을 재현한 전시를 관람할 수 있는 곳이다. 이곳에는 어린이를 위한 민속박물관이 따로 있는데, 어린이박물관은 1층의 상설 전시실과 2층의 특별 전시실로 나뉘어 있다. 상설 전시는 보통 전래동화를 테마로 친숙한 옛이야기를 통해 아이들이 전통문화를 자연스럽게 체험할 수 있게 해놓았고, 2층의 특별 전시는 그때그때 주제가 정해지는데, 모두 무료로 이용할 수 있다. 상설 전시관과 특별 전시관을 이어서 체험하기에 큰 부담은 없는 수준이다. 시간대별 체험 인원이 제한되어 있어서 방학 때처럼 박물관이 붐비는 시기에는 미리 예약하고 방문하면 반나절 정도 보내기에 딱 좋다.

이용은 하루 전까지 인터넷으로 예약 가능하며 현장 발매분도 일부분 가능하다. 9시 10분부터 1회가 시작하는데, 전시 관람은 50분 동안 허용되므로 상설 전시와 특별 전시의 간격을 1시간 정도 두고 신청하면 된다. 단, 인터넷 예약을 하고 방문을 하지 않을 경우 6개월 이내에는 예약이 불가하므로 신중하게 예약해야 한다.

우리 아이들은 5살부터 매년 여름방학에 이곳을 방문해왔는데, 5살에는 〈심청이〉, 6살에는 〈흥부놀부〉, 7살에는 〈해와 달이 된 오누이〉를 주제로 상설 전시가 진행되었다. 특별 전시 또한 해마다 새롭게 바뀌는데, 2014년에는 똥에 관한 주제로 전시가 이루어져서 아이들이 너무나 재미있어했다. 전시장에는 자원봉사 도우미 선생님이 있어서 아이들의

체험을 도와주거나 설명을 해준다.

6살 이상이면 옆으로 이어진 민속박물관을 같이 관람하는 것도 추천한다. 우리는 7살이 되어서 처음으로 민속박물관을 둘러보았는데, 우리나라 전통 악기, 놀이 등이 전시되어 있어 이 또한 흥미로웠다. 또 야외에는 물레방아와 외양간 외에도 1900년대 서울 시내 모습을 재현해놓았다. 전차나 옛날 다방, 식당, 이발소, 우물 등이 있는 거리를 둘러볼 수 있고, 짚신을 신어볼 수 있는 곳도 있다.

또, 명절 기간이면 다양한 전통 체험을 해볼 수 있도록 부스들이 준비된다. 제기차기, 등 만들기, 탈 써보기 등 다채로운 행사도 진행하니 이 기간에 방문해봐도 좋겠다.

박물관은 보통 월요일이 휴관인 경우가 많은데 이곳은 화요일이 휴관이다. 월요일에 다른 곳이 다 문을 닫아 갈 곳이 없으면 민속어린이박물관으로 가면 된다. 참고로 음식물은 반입이 안 되고 음식을 파는 곳이 없으므로 아이들의 간식을 준비했다면 바깥에서 먹어야 한다.

나들이 전후 읽기 좋은 책

전시 주제의 전래동화, 『비밀스러운 한복나라』(노란돼지), 『사시사철 우리 놀이 우리 문화』(한솔수북), 『신통방통 우리 놀이』(좋은책어린이), 『국립민속박물관』(주니어김영사)

Information

주소 서울시 종로구 삼청로 37

문의 02) 3704-3130(어린이박물관), 02) 3704-3114(국립민속박물관), www.kidsnfm.go.kr, www.ncm.go.kr

이용시간 3~5월, 9~10월 09:00~18:00, 6월~8월 09:00~18:30, 11~2월 09:00~17:00, 5~8월 토, 일요일, 공휴일 9:00~19:00, 매주 화요일, 1월 1일 휴관

이용요금 무료, 사전 인터넷 예약

교통편 ① 3호선 경복궁역 5번 출구 ⋯ 도보 10분
② 5호선 광화문역 2번 출구 ⋯ 도보 15분
③ 1호선 서울역 ⋯ 마을버스 11번 환승
🚌 109, 151, 162, 171, 172, 272, 1020, 1711, 7016, 7018번 버스

주차정보: 부설 주차장 없음. 인근 경복궁이나 정독도서관 주차장 이용

HOLLYS

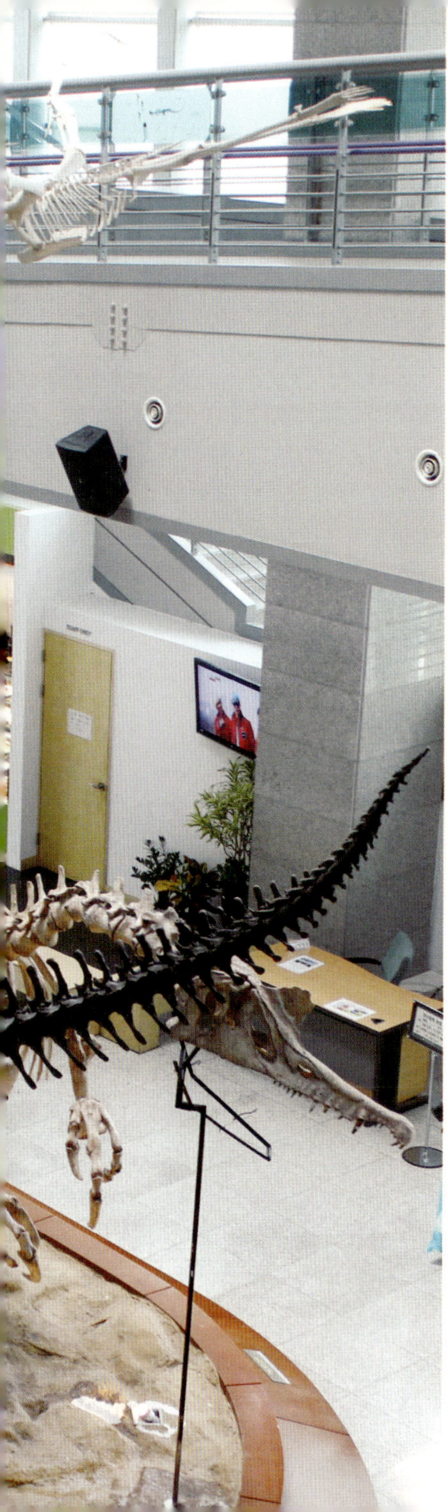

22

공룡을 좋아하는 아이들의 쥬라기 공원

서 대 문 자 연 사 박 물 관

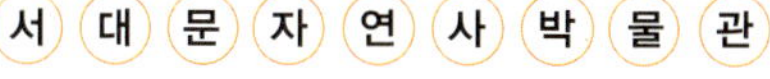

공룡에 관한 설명이나 전시가 잘 되어 있어서 공룡을 좋아하는 아이들과 방문하기에 좋아요. 주말이나 방학 때도 많이 붐비지 않는 곳이라 어린 아이와 방문하기 좋고, 사람들이 북적이는 곳이 싫다면 가장 추천할 만합니다.

서대문구에서 운영하는 자연사박물관은 아이가 공룡을 좋아하면 한 번은 찾아가게 되는 곳이 아닐까 싶다. 3살부터 공룡에 빠진 아이들을 위해 정보를 찾다가 발견한 곳이 서대문자연사박물관인데, 지금도 어린 아이들을 데리고 갈 곳을 물어보면 가장 먼저 추천하는 곳이다. 한적한 곳에 있어서 대중교통으로 가기에는 다소 불편하지만, 대신 사람이 많다고 느낀 적은 거의 없다. 주말이나 방학에는 그나마 아이들이 많이 보이지만 평일에는 정말 한산한 편이라 어린 아이들이 큰 소리로 이야기하거나 갑자기 뛰는 등 돌발행동을 해도 부담이 조금 덜한 곳이기도 하다.

입구에 들어서자마자 보이는 거대한 공룡 뼈와 하늘을 나는 익룡의 뼈는 특히 공룡을 좋아하는 남자아이들의 시선을 단번에 사로잡는다. 워낙 자주 가는 곳이라 우리 아이들은 이곳에 오면 엘리베이터를 타고 3층부터 올라간다. 3층의 야외에는 브라키오사우르스, 티라노사우르스, 스테고사우르스 등의 공룡 모형이 전시되어 있다. 3살 무렵에는 무서워하더니, 지금은 거대한 공룡을 상대로 싸움을 한다며 난리를 치기도 한다.

3층 전시장은 지구의 탄생, 화산 폭발 등에 관해 살펴볼 수 있다. 6살까지만 해도 이곳은 거의 그냥 통과하는 곳이었는데, 7살이 되고 화산이나 지구에 관심을 가지면서부터는 이곳도 꽤 자세히 보면서 지나가곤 한다. 3층을 한 바퀴 돌고 내려오면 2층 공룡 전시관이 나오는데, 아이들에게 친숙한 공룡의 뼈와 모형들이 전시되어 있다. 삼엽충과 암모나

이트 등의 고대 생물도 볼 수 있다. 공룡들을 지나면 인류의 변화와 여러 동물과 곤충, 어류의 모습도 관찰할 수 있다. "엄마, 사람의 조상은 유인원이지요?"라며 아는 척도 하고, "그럼 원숭이가 조상이에요?" 하고 대답하기 어려운 질문도 곧잘 한다. 주말에는 2층 복도에서 고무점토로 화석 만들기를 하거나, 특별 전시가 진행된다.

1층으로 내려오면 현재 지구의 생태계와 우리 숲에 사는 동물들, 지구의 환경보호에 관해 알 수 있는 전시관이 있고, 전시를 다 보고 나오면 공룡에 관한 3D 영상관이 있는데, 영상 관람을 하려면 먼저 시간을 확인하고 움직이는 편이 좋다.

서대문자연사박물관의 가장 아쉬운 점은 아이들을 위한 식당이나 먹

을 곳이 없다는 점인데, 1층에 간이 카페가 있어 간단한 간식은 먹일 수 있지만, 식사를 하기에는 다소 부족하다. 근처에 식당도 없는 곳이라 식사시간을 끼고 방문해야 한다면 도시락을 준비하는 편이 좋다.

서대문자연사박물관은 승용차 요일제 전자태그를 부착하지 않은 차량은 박물관 주차장을 이용할 수 없다고 홈페이지에 나와 있으나 아이를 동반한 차량이면 주차 가능하다. 다만 주차장이 협소하기 때문에 주말에는 안내요원이 근처 중학교로 안내해주기도 한다.

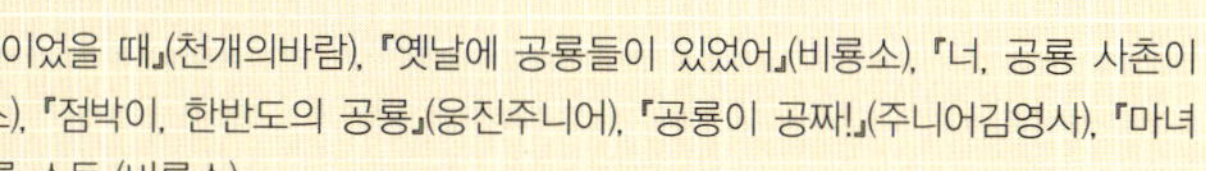

나들이 전후 읽기 좋은 책

『내가 공룡이었을 때』(천개의바람), 『옛날에 공룡들이 있었어』(비룡소), 『너, 공룡 사촌이니?』(비룡소), 『점박이, 한반도의 공룡』(웅진주니어), 『공룡이 공짜!』(주니어김영사), 『마녀 위니의 공룡 소동』(비룡소)

Information

주소 서울시 서대문구 연희로 32길 51
문의 02) 330-8899, namu.sdm.go.kr
이용시간 3~10월 09:00~18:00, 토요일, 공휴일 09:00~19:00, 매주 월요일, 1월 1일, 설날, 추석 당일 휴관
이용요금 어른 6,000원, 어린이 2,000원(5~12세), 4세 이하 무료, 서대문구민은 할인, 6개월 이내 재방문시 20% 할인(기존 입장권 지참)
교통편 ① 2호선 신촌역 3, 4번 출구 ┅➡ 서대문03번 마을버스 환승
　　　　 ② 3호선 홍제역 3, 4번 출구 ┅➡ 7738번 버스 환승
　　　　 ① 일산 신도시 ┅➡ 행신 ┅➡ 화전 ┅➡ 수색 ┅➡ 모래내 ┅➡ 연희IC ┅➡ 연희동 ┅➡ 박물관
　　　　 ② 내부순환도로(노원 방향) ┅➡ 홍지문터널 ┅➡ 홍은램프 ┅➡ 홍은사거리(직진) ┅➡ 그랜드힐튼호텔 ┅➡ 동신병원 ┅➡ 서대문구청 ┅➡ 박물관
　　　　 주차정보: 기본 2시간 3,000원, 초과시 10분당 500원

서울상상나라
SEOUL CHILDREN'S MUSEUM

23

상상력과 호기심을 키워주는 체험놀이터

서 울 상 상 나 라

놀이를 즐기며 다양한 것들을 체험해보고 배울 수 있는 곳입니다. 하루에 이곳의 모든 시설을 체험하는 것은 무리예요. 동물원이나 놀이터 등 어린이대공원의 다른 시설을 이용할 때 이곳에 들러서 조금씩 체험해보는 것도 좋아요.

어린이대공원 능동 주차장 쪽에 한참 공사 중인 곳이 있더니 '상상나라'라는 복합체험 놀이시설이 생겼다. 자주 가던 삼성어린이박물관이 문을 닫아서 아쉬웠던 차에 반가운 소식이었다. 나중에 들으니 서울상상나라를 삼성문화재단에 위탁하면서 삼성어린이박물관은 폐관하게 되었다고 한다. 그래서 그런지 실제로 상상나라에는 삼성어린이박물관에서 보던 친근한 체험시설들이 많았다.

아직 문을 연 지 얼마 안 되어 많이 붐비지 않을 거라고 해서 찾았는데 웬걸, 단체관람으로 현장 입장분이 오전 분량은 모두 매진되었다고 한다. 하는 수 없이 오후 1시 입장권을 예약해놓고 밖으로 나와 물놀이장에 다녀왔는데 이곳은 시간대별 입장객 수가 정해져 있는 반면 관람 시간은 제한이 없어서 오후 1시는 오전에 들어온 단체 관람객과 오후 입장한 사람들로 그야말로 인산인해였다. 그럼에도 새로운 놀이나 체험할 거리들이 워낙 많아서인지 아이들은 너무나 신나했다.

이곳에는 층별로 테마가 다른 체험시설이 있다. 첫 방문 때만 해도 우리 아이들은 1층에 들어서자마자 마주한 나무 미끄럼틀과 가장 안쪽에 있는 천으로 만드는 집을 가장 좋아했었다. 1층은 자연, 예술, 공간을 테마로 하는데, 자연 테마에서는 식물, 동물을 다루고, 예술 테마에서는 재활용품으로 작품 만들기, 공간 테마에서는 천으로 자신만의 텐트 지어보기 같은 활동이 진행되고 있었다. 엄마 맘 같아서는 지하에 있는 감성 놀이터에서 몸이 불편한 친구들의 생활을 체험해보는 공간이 가장 의미 있다고 생각했는데, 아직 어려서인지 휠체어에 타는 것마저 놀이로 생각해서 아쉬웠다. 3층에는 삼성어린이박물관에서도 가장 인기 있었던 공을 가지고 노는 곳과 물놀이터, 크레인으로 벽돌을 나르며 집을 짓는 곳이 있었는데 이 세 곳이 가장 붐비는 곳이자 우리 아이들 또한 떠나지 못하는 곳이었다.

얼마 둘러보지도 못한 채 폐관시간이 되어 아쉬워하는 아이들에게 또 오자는 약속을 하며 나왔다. 그 후 매년 한두 번은 찾게 되었는데 아이들이 자라는 동안 상상나라에도 많은 변화가 있었다. 지하 1, 2층 시설물이 전체적으로 바뀌었고, 준비 중이던 체험수업이 하나둘 진행되기 시작했으며, 정기 강좌도 다양하게 이루어지고 있었다. 지하에는 공연장도 문을 열었다.

1층에서는 상설 전시 외에 기획 전시가 진행되기도 하고, 가장 안쪽에는 빛과 그림자로 공간을 채우고 변화시키는 체험을 해볼 수 있는 공간이 마련되었다. 2층은 전체적으로 우주를 테마로 해서 한쪽에는 외계인의 모습을 상상하고 외계인에게 편지를 띄우는 공간이, 한쪽에는 뛰는 힘으로 로켓을 발사시키거나 외계인 댄스, 줄을 잡아당겨서 행성을 제 위치에 놓는 등 신체놀이를 하면서 우주에 관한 지식을 배우는 공간으로 바뀌었다. 우리 아이들은 남자아이들이라 그런지 이곳을 가장 좋아했다. 특히 네 명이서 협동하여 줄을 당기며 힘을 배분해서 행성을 제자리로 가져다주는 코너는 이제 형아답게 동생들에게 요령을 가르쳐주며 놀이를 이끌기도 한다.

　5~6살에는 엄마가 이끄는 곳으로 다녔다면 7살부터는 본인들이 가장 하고 싶은 것을 먼저 기억해내어 그곳부터 가자고 한다. 또, 전부 다 보려고 하기보다는 좋아하는 곳에서 오래 있고 싶어해서 상상나라 또한 한 번에 다 둘러보려고 욕심내기보다는 덜 붐비는 곳을 먼저 보거나 아이들이 좋아하는 곳에 좀 더 시간을 할애하는 편이다. 연령별로 다양한 체험 프로그램이 있으므로 미리 예약해두고 시간이 되면 지하로 내려가 체험을 하는 방법으로 장소를 이동하기도 한다.

　상상나라는 국내 최대라고 할 만큼 체험놀이 공간으로는 가장 크고, 다양한 볼거리와 체험거리가 있는 곳이다. 그래서 상상나라에 갈 때면 어린이대공원의 동물원, 물놀이터, 모래놀이터를 함께 이용할 계획을 세우지만, 막상 들어가면 상상나라만으로도 많이 지치고 시간 소모가 많아서 다른 시설과 함께 관람하기가 쉽지 않다.

주말이나 방학에는 현장 입장권을 구매하기 힘들 수 있으니 미리 예약하고 방문하는 것이 좋다. 요리나 미술, 과학, 신체놀이 등 다양한 유료 체험 프로그램이 별도로 진행되고 있고, 지하의 소극장에서는 유아를 위한 뮤지컬도 유료 상영되고 있으므로 미리 홈페이지에서 알아보고 예약하면 붐비는 시간대에는 조금 여유롭게 체험활동도 가능하다. 3층 패밀리 라운지에서 집에서 싸온 도시락이나 간식을 먹을 수 있으므로 먹을거리를 간단히 준비해가는 것도 좋다. 36개월 미만의 영유아를 위한 아기놀이터 시설과 수유실이 2층에 마련되어 있으므로 어린 아이를 동반한다면 이용해보자.

나들이 전후 읽기 좋은 책

『신통방통 오! 감각』(아이즐북스), 『개성 톡톡 다섯 가지 감각 이야기』(풀빛), 『토끼와 자라』(보리), 『루이의 우주선 상상 1호』(웅진주니어), 『내 친구는 시각장애인』(주니어 김영사), 『내게는 소리를 듣지 못하는 여동생이 있습니다』(웅진주니어)

Information

주소 서울시 광진구 능동로 216
문의 02) 6450-9500, www.seoulchildrensmuseum.org
이용시간 10:00~18:00(입장마감 16:00), 1월 1일, 설날, 추석 연휴, 매주 월요일 휴관
이용요금 36개월 이상 4,000원, 36개월 미만 무료, 개인입장권의 60%는 사전예약, 40%는 현장 구매
교통편 7호선 어린이대공원역 1번 출구 ⋯ 도보 5분
721, 3216, 4212, 119번 버스
올림픽대로 ⋯ 영동대교 ⋯ 화양고가 밑 우회전 ⋯ 능동사거리 좌회전 ⋯ 상상나라
주차정보: 기본 2시간 2,000원, 초과시 10분당 500원

SPACE CENTER
Challenger
LEARNING CENTER
Songam S. C. Korea

24

천문대에서
총총히 빛나는
별 관찰하기

송 암 스 페 이 스 센 터

송암스페이스센터는 서울 인근에서 가장 시설이 좋은 천문대입니다. 서울 시내에도 천문대가 있기는 하지만, 이곳처럼 높은 지대의 산 위에서 만나는 별무리는 또 다른 감동을 주지요. 아이들에게 잊지 못할 경험과 무한한 상상력을 키울 수 있는 기회를 선물해보세요.

일산, 파주 쪽에서 저녁시간에 갈 만한 곳을 찾아보다가 문득 송암스페이스센터가 떠올랐다. 하늘을 보니 먹구름이 잔뜩 끼어 있어 천문대로 전화해보니, 구름이 끼긴 했지만 별은 볼 수 있을 거라고 안내해주었다. 아이들을 데리고 부랴부랴 천문대에 도착하니 오후 5시 30분. 별은 밤에 보는 거라 생각하고 막연하게 왔는데, 매표소에서 8시 타임에 올라가면 10시에나 내려오게 되어서 아이들이 힘들어할 거라고 얘기해준다. 아이들이 졸려하면 큰일이다 싶어 저녁은 내려와서 먹기로 하고 곧장 티켓을 끊고 케이블카 타는 곳으로 갔다.

티켓은 천문대만 관람하는 것과 디지털 플라네타리움(우주, 천문학에 관한 영상을 원형돔에서 4D로 상영한다)을 관람하는 것까지 포함하는 패키지 티켓, 크게 둘로 나뉘어져 있었다. 패밀리 티켓을 구매하면 4,000원 정도 더 내고 둘 다 이용할 수 있어서 패밀리 티켓을 구입했다. 그런데 플라네타리움 영상 관람은 8살 이후가 적당할 듯하다. 7살 때에는 영상을 보면서 이해하기 어려워하더니, 9살 때 다시 보니 훨씬 흥미로워했다.

캄캄한 밤, 산으로 올라가는 케이블카를 타는 건 처음이어서 아이들도 나도 약간 무서워했다. 관측소 1층에 들어서자 밤하늘 별자리, 우주 사진, 그리고 춤추는 로봇이 반겨준다. 로봇의 댄스를 감상한 뒤, 자리를 옮겨 스크린으로 현재의 밤하늘과 오늘 볼 수 있는 별들과 별자리들에 관한 설명을 들었다. 우리는 겨울철에 잘 보이는 목성과 달, 몇몇 별자리들을 관측하게 될 거라고 했다.

설명이 끝나고 계단을 올라 밤하늘을 보러 갔다. 눈이 어둠에 익숙해져야 해서 불이 없는 곳을 조금 걸어 올라가야 했다. 찬 공기가 가득한 산등성이의 옥상에 도착한 우리는 쏟아지는 별무리를 만났다. 와아! 탄성이 절로 났다. 흐린 날이 이 정도이니, 맑은 날은 왠지 우주의 별들 속에 있는 기분일 것 같다.

관측자 중 가장 어린 우리 아이들부터 망원경을 볼 기회가 왔다. 북극성인 줄 알았던 반짝이던 큰 별이 목성이었다. 망원경으로 본 목성은 아름다운 두 줄을 가지고 있었다. 달의 울퉁불퉁한 표면, 크레이터도 보았고, 별들이 모여 있는 오리온 성운도 보았다. 네다섯 개의 천체망원경을 차례로 본 아이들은 한참을 다시 기다려 제 순서가 오자 목성과 달을 한 번씩 더 보았다. 6살에 방문했을 때만 해도 기다리는 걸 힘들어하던 녀석들이 7살 형님이 되더니 제법 의젓하다. 송암스페이스센터는 낮에도 방문할 수 있다. 낮에 가면 태양의 흑점을 관찰한다.

9시가 넘어 집에 도착했는데 아이들은 잠잘 생각은 하지도 않고 책장으로 달려가 목성과 달에 관한 책을 찾아 읽어달라고 내민다. 책으로만 보아오던 걸 천체망원경으로 보았다는 사실이 신기한지 책을 보는 내내 "우리 이거 봤지? 너 목성 봤어? 나도 봤어" 하는 아이들. 그날 밤 아이들은 꿈나라에서도 멋진 우주여행을 했을 것만 같다.

Information

주소 경기도 양주시 장흥면 권율로 185번길 103

문의 031) 894-6000, www.starsvalley.com

이용시간 4~12월 11:00~21:00, 토요일 11:00~21:30, 매주 월요일 휴무

이용요금 스타이용권(천문대, 케이블카, 플라네타리움 상영) 어른 28,000원, 어린이 (4~7세) 22,000원, 천문대 이용권(천문대, 케이블카) 어른 22,000원, 어린이 18,000원, 패밀리 티켓(3인 기준) 66,000원

교통편 🚇 3호선 구파발역 1번 출구 ⋯ 350, 351, 15, 15-1번 버스 환승 ⋯ 송암천문대 앞 삼거리 하차 ⋯ 도보 10~15분

🚗① 서울 구파발 거리에서 북한산성 방면 ⋯ 371번 지방도로 ⋯ 직진 후 고가도로 ⋯ 농협 앞 p턴 ⋯ 장흥유원지 진입 ⋯ 송암스페이스센터 이정표 따라 2킬로 ⋯ 석현교가에서 좌회전 진입

② 행주대교 ⋯ 고양시 ⋯ 39번 국도 이용 ⋯ 장흥유원지 방면으로 좌회전 ⋯ 10킬로 직진 후 고가도로(39번 국도) ⋯ 농협 앞 p턴 ⋯ 장흥유원지 진입

주차정보: 무료

WELL & FOOD
Restaurant & Cafe
MUSEUM SHOP

25

다양한 놀이와 함께
과학 원리 배우기

경 기 도 어 린 이 박 물 관

어린 유아부터 취학 전 아이들까지 해볼 만한 체험 거리가 다양한 공간입니다. 4살부터 7살까지 여러 번 방문한 곳인데, 갈 때마다 아이들이 관심을 보이는 것도 다르고, 같은 것을 보더라도 받아들이는 깊이의 차이가 있음을 확실히 느낄 수 있었답니다.

이곳은 5살 이전의 유아 전용 시설을 마련해놓아서 기관을 다니기 전 아이들과 방문하기 좋다. 아이들이 흥미로워할 만한 체험시설도 다양하다. 1층 자연 놀이터에서 텃밭에 당근, 무 등의 채소도 심고, 사과나무에서 사과도 따보고, 젖소 모형도 살펴보고, 땅속 두더지처럼 굴도 지나가볼 수 있다. 또, 기차놀이를 하거나, 소방관, 경찰관, 택시기사, 버스기사가 되어볼 수도 있다.

처음 방문했을 때, 아이들이 1층에서 떠나질 않아서 2층은 제대로 둘러보지도 못했다. 1층은 어른들이 보기에는 다소 시시해 보여도 아이들은 정말 좋아하는 공간이다. 특히 탈것을 좋아하는 남자아이들이어서 소방관 옷 한 번 입어보려고 줄 서서 기다리기도 하고, 택시기사 아저씨가 되어본 걸 두고두고 자랑스럽게 말했던 기억이 난다.

1층 안쪽으로 들어가면 튼튼 놀이터가 나오는데, 이곳은 최근 몇 년 동안 여러 번 리뉴얼이 되어서 현재는 6살 정도부터 초등 저학년 어린이들이 이용할 수 있는 공간으로 바뀌었다. 암벽등반을 할 수 있는 곳도 있고, '잭과 콩나물'이라는 2층 높이의 구조물을 끝까지 올라가볼 수도 있다. 5살 때 방문했을 때에는 암벽타기를 곧잘 하며 재미있어하더니, 7살 때엔 새로 생긴 잭과 콩나물을 제일 신나했다.

2층으로 올라가면 한강과 물이라는 테마로 물길과 물의 힘으로 할 수 있는 것들을 경험해보는 물놀이 방이 나온다. 펌프로 물을 끌어올리고 배와 물레방아를 움직이고 하는 것들에 아이들이 흥분해서 방수가운

을 입는 것도 잊고 달려가서 물놀이를 하곤 했다. 중앙의 물놀이 외에도 낚시놀이나 벽에 물로 그림 그려보기, 기름과 물을 섞어서 분리되는 것을 통해 물이 어떻게 오염될 수 있는지를 알아보는 곳 등도 아이들이 너무나 흥미로워하는 체험들이다. 이곳을 다녀와서 망둥어와 갯벌을 알게 되었고, 갯벌이 어떤 곳인지 궁금해해서 나중에 서해 갯벌을 다녀오기도 했었다.

그 옆방에는 우리 몸의 기관들을 거대모형으로 만들어놓았다. 5살 때만 해도 칫솔이 있는 입 속 모형에서 둘이서 힘을 모아 거대 칫솔을 들고 이 닦이고 충치 골라내며 놀고 다른 신체기관은 관심 없어 하더니, 이젠 아는 것도 많아지고 궁금한 것도 많아져서 이것저것 신기해하며 관찰하고 끝없는 질문 공세를 펼친다.

뒤쪽으로 가면 나타나는 건축 작업장 또한 아이들이 무척 좋아하는 코너이다. 어린 아이들은 작업복을 입고 나무 쌓기를 하는 것만으로도 신나하고, 조금 큰 아이들이라면 옛날 건축물들의 구조를 살펴보거나 아치의 원리에 대해서도 알아볼 수 있다.

3층에는 재활용품으로 자신만의 창작물을 만들어볼 수 있는 에코 아틀리에, 전래동화 이야기를 체험해볼 수 있는 동화 속 보물찾기, 다문화 친구들에 대해 알려주는 내 친구를 소개합니다, 내가 무대 위의 주인공이 되어보는 미니 시어터 등의 코너가 마련되어 있다. 이 공간에서 유아들은 간단한 만들기와 무대에서 노래하고 춤추는 경험을, 7살 이상의 아이들은 다양한 이야기와 문화를 접할 수 있다.

입장객 제한이 있어서 대체로 많이 붐비지는 않지만, 퇴장시간이 제한되어 있지 않아 방학이나 휴일 오후에는 사람들로 많이 북적이는 편이다. 특히 어린 유아와 방문한다면 오전에 찾는 것이 좋다. 음식을 가지고 와도 먹을 곳이 없어서 아쉬운데, 1층에 돈가스, 파스타, 피자 등을 먹을 수 있는 카페테리아가 있고 재입장도 가능하다. 바람 불고 쌀쌀한 날 아이와 어딘가 가고 싶다면 이런 실내공간을 찾아보는 것도 좋겠다.

Information

주소 경기도 용인시 기흥구 상갈로 6

문의 031) 270-8600, http://gcm.ggcf.kr

이용시간 1~6월, 9~12월 화~일요일 10:00~18:00, 7~8월 화~일요일 10:00~19:00, 1월 1일, 설날, 추석 당일, 매주 월요일 휴관

이용요금 12개월 이상 4,000원, 경기도 거주자 25% 할인

교통편 ① 기흥역 하차 5번 출구 ⋯ 신갈고등학교 방면 탄천 따라 도보 15분
　　　　 ② 분당선 상갈역 하차 4번 출구 ⋯ 도보 10분
　　　 ① 1560, 5001-1, 5500-1번 버스 ⋯ 경기도박물관 앞 하차
　　　 ② 5001, 5003, 5600, 5000, 5005번 버스 ⋯ 신갈오거리(신갈파출소) 하차
　　 수원IC 옆 신갈오거리에서 민속촌 방향

　주차정보: 기본 1시간 1,000원, 초과시 10분당 200원

박물관을 다녀와서 함께 해볼 활동

박물관이든 체험학습이든 가능하다면 초등 저학년까지는 엄마, 아빠와 같이 경험을 공유하는 것을 추천하고 싶다. 아이만 체험학습에 넣거나 박물관에서 아이들만 관람하게 하고 엄마는 휴게실에 앉아 있는 모습이 무척이나 부러웠던 적이 있다. 실제로 아이들이 7살이 되니 엄마의 도움 없이도 관람할 수 있어서 앉을 자리부터 먼저 찾게 되었다. 그런데 몇 번 그렇게 하고 보니 예전과는 달리 아이와 나눌 이야기가 별로 없다는 것을 깨달았다. 특히 새로운 곳을 찾았을 때에는 아이들이 어떤 것을 보고 왔는지 잘 모르기 때문에 아이들과 이야기 나누기가 더 힘들었다. 지금은 가능하면 아이들과 같이 천천히 관람하는 것을 즐기는 편이다. 박물관에 데려다만 주는 엄마가 아닌 박물관을 함께 보는 엄마가 되려고 노력 중이다. 사진으로만 담아오지 말고 아이들과 이야기로, 마음으로, 담아보면 어떨까?

지구본 보기
경도와 위도를 설명하고 낮과 밤이 왜 생기는지, 북반구와 남반구는 왜 계절이 반대인지, 북극과 남극은 왜 춥고 적도 근처는 왜 더운지 이야기해본다.

전지에 태양계 그리기
지구를 먼저 그리고, 다른 행성을 그려보게 한다. 행성들의 특징을 서로 이야기해보면서 그려본다.

동물 모형이나 그림을 종류별로 구분하기
척추 동물과 무척추 동물에 대해 설명하고, 동물 그림이나 모형을 주고 두 가지로 나누게 한다. 예를 들어 뱀 같은 파충류도 척추 동물인 것을 설명해준다. 거미와 곤충은 서로 다른 종류임을 설명하고, 그 차이가 다리의 갯수가 6개인 것과 8개인 것으로 구분할 수 있다는 것을 알려준다.

애벌레에서 성충이 되기까지
곤충의 변태과정에 대해 이야기를 나누고 그 과정을 같이 그림으로 그려본다. 말로 설명해서 이해하기 어려운 것은 그림으로 그려보면 더 쉽게 이해할 수 있다. 개구리의 변태과정도 그림으로 그려보면 확실하게 머리에 남는다.

자석 놀이

문방구에서 여러 가지 자석(막대자석, 말굽자석 등)을 사서 여러 가지 물건을 놓고 붙는지 알아본다. 물속에서는 어떤지 알아보기 위해 목욕시간에 욕조에 여러 가지 물건을 넣어놓고 낚시놀이를 해도 재미있다.

우리 몸 알아보기

전지에 아이를 눕힌 뒤 아이의 몸을 따라 그린다. 아이가 자신의 눈, 코, 입을 그리고, 소화기관들을 그려보게 한다.

특산물 지도 그리기

아이가 어리면 지도 형태는 부모가 직접 그려준다. 여행했던 곳을 찾아 지명을 써보거나 특산물을 그려본다.

Soma
소마미술관
Seoul Olympic Museum of Art

26

조각공원 따라
산책하기 좋은 곳

소 마 미 술 관

올림픽공원 내부에 위치한 소마미술관은 주위 경관
이 아름다워서 미술관 구경을 한 후에 공원에 들러
시간을 보낼 수 있어 좋아요. 조각공원을 따라 산책
할 수도 있고, 미술관 구경을 한 후에 올림픽공원 안
에서 신나게 자전거 타며 놀 수도 있어요.

2004년 9월 서울올림픽미술관이라는 이름으로 개관했다가 2006년 소마미술관으로 이름을 변경해 재개관했다. 소마(SOMA)는 서울올림픽미술관의 약자이다. 소마 미술관은 5개의 전시실과 비디오아트홀로 구성되어 있는데, 전시실에서는 다양한 전시회를 열고 비디오아트홀에는 백남준 작가의 작품이 전시되어 있다.

어린이 미술교육 프로그램도 있어서 미리 신청하면 체계적인 미술교육을 받을 수 있다. 소마미술관은 실내 미술관 외에도 야외에 올림픽공원으로 이어지는 조각공원이 있다. 세계적인 조각가들이 빚어낸 조각작품이 넓은 녹지에 테마별로 배치되어 있는데, 세계 5대 조각공원 중 한 곳으로도 유명하다.

올림픽공원 내 녹지 위에 위치해 있는 소마미술관은 입장하기도 전부터 눈이 시원해지는 느낌이 든다. 미술관에서 나와 조각공원까지 이어지는 길을 따라 걷다 보면 드넓은 잔디밭과 공원, 멋진 조각작품을 구경할 수 있어서 아이들과 한나절을 즐겁게 보낼 수 있다. 그야말로 문화와 휴식, 놀이까지 겸할 수 있는 공간이다.

소마미술관은 특히 자연채광이 좋다. 햇빛 좋은 오전에 방문해서 여유롭게 관람하고 야외에서 점심을 먹은 후 오후에는 조각작품을 보거나 올림픽공원을 구경하는 것도 좋은 방법이다. 미술관 내부는 그리 크지 않아서 구경하는 데 1시간이면 충분하다. 미술관 밖으로 나오면 야외 조각공원으로 나 있는 길을 산책해보자. 잔디밭 위쪽에서 준비해온

도시락을 먹을 수도 있다.

아이들이 5살 때 친구들과 소마미술관에 놀러 간 적이 있다. 색을 이용한 전시라서 아이들도 부담없이 볼 만했다. 전시를 보고 나와 야외의 잔디밭에서 신나게 뛰어놀았다. 전시된 조각들이 크고 아이들의 몸을 숨길 수 있을 정도의 규모라서 그 사이사이로 숨바꼭질을 하기도 했다.

올림픽공원 주차장에 주차를 하고 소마미술관으로 걸어가는 방향에는 나무 놀이터와 작은 분수도 있다. 이곳에서도 놀다 보면 한두 시간이 훌쩍 지나간다. 6월에 간 적이 있었는데, 조금 더운 시기이기도 해서 분수대에서 물놀이를 했다. 실컷 놀고 올림픽공원 투어 기차를 타고 올림픽공원 전체를 구경했는데, 녹음이 우거진 올림픽공원의 멋을 한껏 즐길 수 있었다.

다만, 아이들 전용 미술관이 아닌 만큼 미술관에 입장하기 전에 미술관 안에서 지켜야 할 규칙들을 정확하게 알려주도록 하자. 예를 들어 들어가지 말아야 할 곳이나 만지지 말아야 할 것 등을 아이들에게 분명히 알려줄 필요가 있다. 내 아이는 안 그러겠지 생각하지만 얌전한 아이라도 친구들과 어울려 관람하다 보면 자기도 모르게 소리가 높아지고 뛰어다닐 수 있다. 다른 관람객에게 피해를 주지 않도록 관람 예절을 꼭 주지시키자.

나들이 전후 읽기 좋은 책

『미술관에 간 미피』(딕브루너코리아), 『빨강, 파랑 세상의 모든 색』(시공주니어), 『꼬마 미술관』(주니어파랑새), 『명화를 처음 보는 어린이를 위한 바바의 미술관』(국민서관)

Information

주소 서울시 송파구 올림픽로 424
문의 02) 425-1077, www.somamuseum.or.kr
이용시간 10:00~18:00, 입장 마감 17:20, 매주 월요일 휴관
이용요금 어른 3,000원, 어린이 1,000원(만 4세 이상)
교통편 8호선 몽촌토성역 1번 출구 ⋯ 평화의문 내에서 200미터
  ① 340번 버스 ⋯ 올림픽공원 평화의문광장 하차
  ② 3412, 3413번 버스 ⋯ 올림픽공원 하차
  광나룻길 ⋯ 올림픽대교 ⋯ 둔촌사거리 ⋯ 올림픽공원 남문
  주차정보: 올림픽공원 남3문, 남4문 주차장 이용, 주차료 기본 1시간 1,000원, 이후 15분마다 500원, 1일 최대 20,000원

국립과천과학관
SCIPIA

27

국내 최대 규모의
과학관 탐험하기

국 립 과 천 과 학 관

국립과천과학관은 유아부터 중고등학생까지 흥미로
워할 만한 것들이 전시된 시설로, 연령별로 이용할 수
있는 시설들이 잘 나누어져 있습니다. 천체투영관이
나 곤충체험관 등 볼거리가 정말 많은 곳이랍니다.

플래쉬 사용금지

국립과천과학관은 수도권에서는 규모가 가장 큰 과학관으로, 5살 전후부터 청소년까지 폭넓게 체험할 수 있는 공간이다. 서울과학관(서울과학관은 2017년 5월 재개관 예정이다)이 미취학 아이들이 체험하기에 좋은 곳이라면, 과천과학관은 각 연령과 관심사에 맞게 체험공간이 나뉘어 있다. 곤충을 좋아하는 아이라면 곤충체험관과 생태공원, 공룡을 좋아하는 아이라면 공룡공원과 자연사관, 우주에 관심이 많은 아이라면 천체투영관과 야외 로켓 전시, 첨단과학관을 놓치지 말아야 하며, 1층의 어린이탐구체험관은 필수이다.

어린이탐구체험관은 미취학 어린이를 위한 시설로 초등 3학년까지만 입장이 가능하다. 감각놀이터는 키 110~140센티 미만의 아이들이 신체의 다섯 가지 감각을 활용하여 구조물을 통과하고 놀이를 통해 감각통합과정을 발달시킬 수 있도록 구성되어 있다. 7살이 넘어가면 사실 키즈카페에 가기에는 많은 나이가 되어버리는데, 이 시기 아이들의 신체활동에 무척 도움이 되는 시설이 아닐 수 없다.

2층의 자연사관에는 고생대의 화석, 공룡, 지구의 탄생, 우리나라의 동물, 어류 등이 전시되어 있었는데, 최근 보수공사를 하며 진화 및 생태계의 다양성 부분이 강조되었다. 이곳에 마련된 자동차 시뮬레이션은 줄을 서서 기다려야 할 정도로 인기이다. 아이들은 지프차를 타며 운전하는 오락으로 생각하긴 하지만 실은 우리나라 지질을 탐험하는 프로그램인데 미취학 아동도 부모의 참관 아래 태울 수 있다. 전통과학관에는

우리나라의 전통과학들을 살펴보며 우리 조상의 지혜를 엿볼 수 있다. 이곳에서는 동서양의 노 젓기 체험이 가장 인기가 많아 주말에는 길게 줄을 서기도 한다.

1, 2층의 첨단전시관에는 로봇, 항공기와 콘셉트카, 로켓, 우주, 인공위성 등 천체나 항공에 관심이 많은 아이라면 무척 좋아할 만한 전시물을 볼 수 있다. 1층의 로봇댄스는 송암스페이스센터에서도 보고 서울과학관에서 본 적 있었는데도 눈을 떼지 못할 정도로 좋아했다. 또한 최근에는 1층에 '노벨상과 나'라는 공간과 '무한상상실'이라는 곳이 생겼는데, 노벨상과 나에서는 노벨상 히어로 퀴즈를 풀면서 미션을 완성하면

노벨상 히어로 카드를 발급받을 수 있고, 무한상상실의 키즈 메이커 스튜디오에서는 아이들의 상상이 현실로 창작되는 만들기를 체험해볼 수 있다.

우리 아이들은 공룡에서 곤충, 우주로 관심사가 넘어갔다. 그래서 과천과학관을 가면 1층 어린이탐구체험관을 거쳐 자연사관을 보거나, 곤충체험관부터 보고 야외에서 놀다가 1층 어린이탐구체험관으로 들어가곤 한다. 처음에는 빨리빨리 지나가며 휘리릭 보고 체험하는 곳이나 놀이터에서만 신나게 놀던 아이들이 해가 갈수록 아는 것이 많아지면서 집중해서 보고 궁금한 것을 물어보는 일이 늘어났다. 개미집을 찬찬히

보면서 유치원 누리과정에서 배운 개미에 대해 서로 아는 것을 설명해주고 여왕개미를 찾아 엄마에게 알려주기도 한다. 글을 읽기 시작하고부터는 설명을 읽어보며 모르는 것의 이름은 되뇌기도 하고, 고생대에 관한 지식이 늘어나면서는 엄마도 몰랐던 '메갈로돈'에 대해 알려주고 궁금했던 고생대 생물을 찾으러 다닐 만큼 매번 아이들이 성큼 자라는 것을 느낄 수 있었다.

과천과학관에 어린 아이들과 방문하려면 초등학생 관람객이 많은 주말보다는 주중이 한가해서 좋은데, 규모가 크고 전시관이 많은 공간이니만큼 한 번에 다 보려고 하기보다는 방문 전에 홈페이지를 보며 가고 싶은 전시관을 아이와 상의해서 미리 정해두는 것이 좋다. 또한, 체험 프로그램을 이용하려면 홈페이지에서 미리 예약하고 동선을 짜두는 것이 시간 절약에 도움이 된다. 이곳은 실내공간뿐 아니라 야외도 뛰어놀기 좋게 잘 꾸며져 있으므로 춥지 않은 날에는 야외시설도 꼭 들러보라고 권하고 싶다. 뒤쪽으로는 비행기나 전투기, 기차, 공룡 공원도 실감나게 꾸며져 있고, 앞쪽으로는 두 곳의 놀이터가 있는데, 이곳에는 과학원리를 알 수 있는 놀이기구들이 마련되어 있다.

곤충체험관을 주로 보는 경우에 차량을 이용한다면 서주차장으로 들어가는 것이 곤충체험관에서 가깝고, 1층의 물품보관함을 무료로 이용할 수 있으므로 추운 날 방문 시에는 겉옷을 보관해두고 실내관람을 하는 편이 낫다. 1층 실내에는 카페테리아, 야외에는 작은 매점이 운영되고 있으며, 2층에는 간단한 식사가 가능한 식당가도 있으므로 아주

어린 아이가 아니라면 식사나 간식을 해결할 수 있다. 참고로 천체투영
관의 상영관은 6살 이상부터 관람이 가능하다.

날씨 좋은 날
궁궐 산책하기

경 복 궁

서울은 경복궁, 창경궁과 종묘 등 아름다운 우리 문화유산이 많지요. 문화재청이 운영하는 조선고궁 사이트에서 경복궁, 창덕궁, 창경궁, 덕수궁, 종묘 등 5대궁을 이용할 수 있는 통합관람권을 발행하고 있으니 산책하기 좋은 날 함께 구경해보세요.

서울을 대표하는 역사적 공간들 중 제일 먼저 떠오르는 곳은 고궁이다. 궁궐의 아름다움에 대해서 아이들이 제대로 느끼는 것은 쉽지 않겠지만 궁에 가면 아이들은 예전 조선시대의 왕들이 이곳에서 살았다는 사실만큼은 쉽게 이해했다. 처음 궁에 갔을 때는 아이에게 무슨 이야기를 할까, 어떤 설명을 해줄까 생각을 하기도 했지만 알아듣기 어려울 것 같아서 그냥 뜰을 거닐며 산책을 했다. 중앙에 은행나무가 노랗게 물들었을 때는 은행나무 아래에서 낙엽도 만져보고 뛰어놀게 해주었다. 아이에게 경복궁이 가지고 있는 역사적 의미를 설명하고 건축방식에 대해 설명을 하는 것은 초등학교 고학년으로 미루어도 될 것이다. 지금은 그냥 궁이란 이런 곳이구나, 여기에서 옛날에 왕과 왕비가 살았구나, 정도만 이해해도 충분할 듯하다.

경복궁은 역사적 의미에 대한 체험이 아니더라도 아이들과 뛰어놀고 다양한 체험을 하기 좋은 곳이기도 하다. 매 시간마다 하는 수문장 교대식을 보며 아이들은 신기해했다. 평소에는 볼 수 없는 광경이어서일 것이다.

서울에는 5개의 궁궐이 모여 있다. 경복궁, 창덕궁, 창경궁, 경희궁, 덕수궁이다. 매번 구경가면서도 나조차도 여기가 어딘가 하며 혼동될 때가 많다. 어른인 나도 그러한데 아이들은 더 그러할 것이다. 하지만 자주 접하다 보면 자연스럽게 관심이 생겨나듯이 궁궐 역시 자주 가게 되면 궁금한 것도 많아질 것이다.

사실 경복궁은 조선시대 제일의 궁답게 볼거리가 많은 곳이다. 경복궁은 조선을 세운 태조가 나라의 기틀을 다지기 위해 세운 궁으로 역사가 깊고 규모도 크다. 광화문과 흥례문을 지나면 근정전이 나온다. 근정전은 외국 사신 접견, 즉위, 책봉, 혼례 같은 나라의 주요 행사를 치르던 곳이다. 강녕전과 교태전은 왕과 왕비가 각각 생활했던 곳이다. 교태전 내의 아미산은 왕비를 위해 조성한 정원으로 봄에 가장 아름답다. 자경전에는 대비가, 동궁에는 세자가 머물렀다. 세자는 '떠오르는 해'로 비유돼 내전의 동쪽에 궁을 세웠다. 경회루는 외국 사신을 접대하거나 큰 연회를 열던 공간이고, 향원정은 왕실 전용 휴식 공간이었다.

경복궁은 규모가 크기 때문에 어떤 곳을 갈지 살펴보고 가야 알차게 구경할 수 있다. 경복궁 홈페이지(www.royalpalace.go.kr)에서 '어린이 경복궁' 메뉴를 보며, 아이와 함께 미리 갈 곳을 정하는 것도 한 방법이다. 경복궁 내에서 시행되는 다양한 프로그램은 전통문화를 체험할 수 있는 좋은 기회이니 미리 예약해보도록 하자.

근정전 앞에 동서남북을 호위하듯 늘어선 청룡, 백호, 주작, 현무 석상과 그 사이사이 들어선 십이지신상을 보면서 아이들은 동물 이름을 맞춰보는 것도 좋아했다. 얼마 후 중국에 가서 절에 간 적이 있었는데 거기에서도 십이지신상을 보며 동물 이름을 대면서 기억을 되살린 적도 있었다.

경복궁의 정문인 광화문 안쪽에는 국립고궁박물관이 있으니 경복궁에 갔다면 함께 들러볼 수 있다. 생각보다 규모가 커서 시간이 많이 걸릴 수 있어 경복궁과 같이 보려면 잠깐 쉬는 시간을 가지는 것도 좋다. 경복궁에서 가까운 삼청동은 맛집이 많은 길이다. 만약 여유가 있다면 삼청동을 걷는 것도 쏠쏠한 재미가 있을 것이다.

나들이 전후 읽기 좋은 책

『경복궁』(초방책방), 『경복궁에 간 불도깨비』(시공주니어), 『어처구니 이야기』(비룡소), 『연이네 서울 나들이』(책읽는곰), 『공주의 궁궐 나들이』(북큐레이터), 『경복궁에서의 왕의 하루』(문학동네어린이)

Information

주소 서울시 종로구 사직로 161

문의 02) 3700-3900, www.royalpalace.go.kr

이용시간 11~2월 09:00~17:00, 3~5월, 9~10월 09:00~18:00,
6~8월 09:00~18:30, 매주 화요일 휴궁일

이용요금 어른 3,000원, 24세 이하 무료

교통편 ① 3호선 경복궁역 5번 출구 ⋯ 도보 5분
② 5호선 광화문역 2번 출구 ⋯ 도보 10분
109, 151, 272, 8000번 버스
광화문에서 우회전한 뒤 경복궁 방면으로 좌회전
주차정보: 소형차(15인승 이하) 기본 2시간 2,000원(단, 지상주차장 주차시에는 중/대형차 기본요금 4,000원을 적용함), 기본시간 이후 15분 초과시 500원

에어 포켓
Air Pocket

29

예술작품을
온몸으로 즐기는 곳

장 흥 아 트 파 크

장흥아트파크는 다양한 체험활동시설을 갖추고 있는 종합예술 놀이터입니다. 야외에 전시된 조각작품뿐만 아니라 목마 미끄럼틀과 그네와 같은 아이들 놀이터도 예술가들의 작품입니다. 이런 작품들을 보고 만지고 어울려 놀면서 아이들의 정서도 풍부해진답니다.

장흥아트파크는 미술관과 체험관, 야외공연장 및 작가들의 창작 공간 등이 어우러진 복합 문화 공간이다. 장흥조각공원 자리에 새롭게 조성된 곳으로 야외에는 멋진 조각작품들이 눈길을 사로잡는다. 주변을 둘러싼 산의 정경으로 인해 봄이나 가을에는 더욱 운치 있는 나들이 장소이기도 하다.

사실 이곳을 처음 방문하게 된 건 알록달록 예쁜 그물에 아이가 매달려 있는 사진을 어디선가 보았기 때문이다. '대체 저 멋진 그물 놀이터는 어딜까?' 하고 여기저기 검색하다가 장흥아트파크에 있는 에어포켓이라는 설치작품이고, 아이들이 매달리고 올라갈 수 있는 놀이시설로 사용된다는 것을 알게 되었다. 그렇게 해서 장흥아트파크를 방문했는데, 아니나 다를까 아이들은 에어포켓에서 떠날 줄을 몰랐고 입장료 외에도 30분에 3,000원인 이용금액을 내야 하는 이곳에서 무려 1시간 반을 버틴 적이 있을 정도로 아이들은 이 예술작품을 온몸으로 즐기며 좋아했다.

장흥아트파크는 에어포켓 말고도 아이들을 위한 여러 가지 체험시설이 마련되어 있다. 그물 놀이터와 간단한 놀이기구들이 야외에 있어 춥지 않은 날에는 야외에서 뛰놀기 좋고, 여름에는 물놀이터도 무료로 운영한다. 특히 규모가 그리 크지 않고, 아기자기한 체험시설이 적절한 수준으로 마련되어 있어서 어린 아이들이 다녀오기에 좋은 공간이다.

아이들을 위한 체험 미술터인 가나어린이미술관은 블록 놀이터와 볼

풀장, 전시관이 한 공간에 모여 있어 편리하다. 2013년 12월에는 피카
소의 드로잉, 판화, 도자기 등 100여 점의 작품을 전시한 피카소 어린이
미술관을 개관했는데, 이곳에서는 아이들이 자연스럽게 피카소의 작품
을 둘러보고 도자기 그릇에 피카소처럼 그림을 그릴 수 있는 체험(유료)
을 해볼 수도 있다.

5월에는 어린이들을 위한 인형극이나 공연도 열리고, 주말마다 다채
로운 행사들을 마련해두고 있는 곳이라 방문 전에 홈페이지를 들러 어
떤 전시와 행사가 진행되는지 한번 보고 가는 편이 좋다.

아주 넓은 곳은 아니어서 반나절 정도 둘러보기에 적당한 편으로, 유치원생 이상이라면 장흥아트파크를 갈 때에는 근처 송암스페이스센터나 조명 박물관을 함께 들르는 것도 좋다.

Information

주소 경기도 양주시 장흥면 권율로117

문의 031) 877-0500. www.artpark.co.kr

이용시간 평일 10:00~18:00, 주말 10:00~19:00(동절기 18:00), 입장마감 관람종료 1시간 전. 매주 월요일 휴관(공휴일 제외)

이용요금 대인 청소년 소인 8,000원, 24개월 미만 무료, 에어포켓 별도 30분 3,000원

교통편 🚇 3호선 구파발역 1번 출구 하차 ⋯ 15, 15-1, 350, 351번 버스 환승 ⋯ 장흥아트파크 하차

🚌 서부시외버스터미널에서 360번 버스 이용(30~35분 거리) ⋯ 장흥 농협 앞 하차 ⋯ 도보 5~10분

🚗 ① 서울 구파발삼거리 ⋯ 북한산성 방면 우회전 ⋯ 371번 지방도로 10킬로 직진 ⋯ 고가도로(39번 국도) ⋯ 농협 앞 P턴 ⋯ 장흥유원지 진입

② 외곽순환도로 ⋯ 송추IC ⋯ 고양시 방면으로 좌회전 ⋯ 장흥아트파크 방면으로 우회전

주차정보: 무료

30

음악분수가
선사하는
평화로운 순간

예 술 의 전 당

여름밤의 음악분수나 야외공연 관람이 육아로 인해
지친 몸과 마음을 위로해줍니다. 해 지는 저녁 하늘
과 아름다운 음악 소리, 춤추는 분수, 그리고 뛰노는
아이들을 지켜보는 시간은 그야말로 평화로운 순간
입니다.

예술의전당에서는 해마다 5월이면 아이들을 위한 체험 전시가 열린다. 기본적으로 예술의전당은 아이들도 한 번은 들어봤을 만한 유명한 작가의 전시회가 열리는 곳이라 아이와 함께 미술관 나들이를 계획할 때 가장 먼저 고려하게 되는 곳이다.

아이들 4살 때 사진전을 한 번 데려갔다가 인파에 치여 아이도 힘들고 나도 힘들고 나서는 유명 전시는 개관시간에 맞춰 주로 방문하는 편이다. 반고흐, 피카소, 인상주의, 쿠사마 야요이, 가장 최근의 안토니 가우디 전까지 아이들과 함께 보았다. 아이들을 처음으로 전시회에 데리고 갔을 때에는 조금이라도 더 아이들이 보고 가기를 바라는 마음에 아이들이 그냥 지나가려고 하면 손을 잡아 끌고 멈추게도 했었다. 그런데 스쳐 지나는 듯하면서도 나중에 전시에 대한 느낌이나 생각을 스스럼없이 이야기하는 모습을 보고는 관람 예절을 가르쳐주고 아이들이 자유롭게 보도록 놔두는 편이다.

요즘은 미술관과 전시장에 작가가 작업하는 모습을 보여주는 영상물을 상영해주기도 하고, 아이들이 직접 체험해볼 수 있는 코너가 생겨나서 아이들이 작가의 주요 기법을 체험해볼 수도 있다. 쿠사마 야요이 전에서는 스티커를 붙여서 흰 방을 쿠사마처럼 꾸며보기도 했고, 가우디 전에서는 벽화에 스티커를 붙여서 가우디의 트렌카디스 기법을 체험해보기도 했다.

전시를 관람한 날에는 기념품점에서 엽서 한 장이라도 사주는 편이다. 아이들은 뭔가 선물을 받은 것 같아 좋아하고 집에 와서 붙여두면 그 기억이 좀 더 오래가는 것 같기도 하다. 가우디 전에서는 가우디 건축물의 그림이 그려진 컬러링북을 구매했는데, 처음엔 시큰둥하던 아들들이 엄마가 컬러링북에 색칠하는 것을 보더니 나도 나도 하며 거들어 며칠 동안 컬러링북을 다같이 완성한 적도 있다.

예술의전당의 가장 큰 매력은 바로 음악분수이다. 전시나 공연을 보고나면 음악당 앞 광장을 꼭 들른다. 음악분수는 점심과 저녁 시간에 가동되는데, 귀에 익은 클래식 음악에 맞추어 불빛을 반짝이며 춤을 추는 분수를 아이들은 너무 좋아한다. 특히 어려서는 이 분수만 보러 오기도 했다. 더운 여름밤, 시원한 산바람을 느끼며 해 저무는 하늘과 어우러진 음악분수는 아이들에게도 정말 신비로웠던가 보다. 눈을 떼지 못하고 분수를 보다가 음악에 맞춰 친구들과 춤을 추기도 했었다.

음악분수 앞에는 인조잔디 마당이 있어서 돗자리를 깔고 감상하기도 하는데, 아쉽게도 여기서는 음식물을 먹을 수 없다. 아이들이 어려서는 전시 관람 후에 1층 식당가나 길 건너 두부집, 국수집에서 요기를 하고 음악분수를 즐기러 다시 찾았다. 그러다 7살 정도 되어 눈앞에서 지켜보지 않아도 될 나이가 되고부터는 그 옆 레스토랑 테라스에서 간단히 요기를 하고 아이들은 광장에서 뛰놀거나 분수를 보러 가기도 한다.

큰 공연이 있는 주말에는 가끔 신세계스퀘어에서 여러 나라의 길거리 음식을 파는 푸드코트가 운영되기도 한다. 가끔은 신세계스퀘어나 계단광장에서 시간대별로 다양한 연주회나 공연이 열리므로, 운이 좋으면

야외에서 멋진 무대를 즐길 수도 있다. 다만, 공연이나 전시 관람을 하
지 않으면 예술의전당 식당가를 이용해야 주차정산을 받을 수 있다.

31

전통문화가
즐거운 놀이가
되는 곳

한 국 민 속 촌

마치 마을 전체가 조선시대로 돌아간 듯한 느낌을
주는 공간으로 아이들에게도 실감나는 역사 체험이
된답니다. 민속촌의 테마공원은 7살 이전의 아이라
면 거의 모든 놀이기구를 다 탈 수 있고, 옮겨 타는
동선도 짧아 아이들에게 안성맞춤입니다.

어릴 적 가보았던 민속촌은 전통 가옥과 장터, 민속놀이가 있는 민속마을로 외국인들을 위한 관광지였던 기억으로만 남아 있었다. 시간이 흘러 아이들과 함께 찾은 민속촌은 민속마을의 모습 외에도 세계 민속관, 박물관 등이 있는 전시마을과 놀이동산, 눈썰매장이 있는 놀이마을로 나뉘어 놀거리와 볼거리가 가득한 곳으로 탈바꿈했다.

한국민속촌은 놀이마을, 민속마을, 상가마을, 장터 등으로 구분되어 있는데, 우리는 자유이용권을 끊고 정문 오른쪽 공원교를 건너 아이들이 좋아할 만한 놀이마을부터 둘러보기로 했다. 민속촌의 놀이마당에는 20가지 정도의 놀이기구가 운영되고 있는데, 큰 아이들이라면 다소 시시하겠지만, 대여섯 살 정도의 아이들이 좋아할 만한 놀이기구가 많다. 또한 넓지 않아 아이들이 여기저기 뛰어다니며 스스로 탈 것을 정하고 줄서서 타보기도 한다. 무엇보다 줄 서는 시간이 길지 않아서 어린 아이들과 놀이동산을 즐겨보기에 적당하다.

놀이마을에서 충분히 놀이기구를 탄 다음 민속마을로 가면 농가를 둘러보며 여러 가지 체험을 해볼 수 있다. 절구 찧기, 연자방아 돌리기, 맷돌 돌리기, 다듬이질하기 등을 놀이처럼 여기며 신나게 한다. 책에서만 본 옛 물건이나 집을 보고 아는 척도 하고, 서당이나 관아도 재미있어하며 살펴보았다.

민속마을에서는 하루에 두 번 농악, 줄타기, 마상무예, 전통혼례 등의 공연을 하는데, 특히 줄타기 공연은 아이들이 눈을 떼지 못할 정도로

신기해하며 보았다. 마상무예도 남자아이들이 넋을 잃고 보는 공연이다. 공연이 끝나고도 자리를 뜰 줄 모르는 아이들에게 승마 체험을 시켜주고, 나루터로 향했다. 나루터에서는 나룻배를 타볼 수도 있는데 이것도 유료 체험이라 자유이용권을 끊고 들어왔어도 체험료를 별도로 내야 한다.

겨울에는 눈썰매장을 개장하는데, 이곳 눈썰매장은 제법 길고 재미있어서 인기가 많다. 자유이용권을 끊으면 눈썰매장을 이용할 수 있고, 눈이 소복이 쌓인 겨울 민속촌은 아름답기도 해서 겨울방학에 방문하는 것도 추천하고 싶다.

날이 많이 추운 날이거나 조금 큰 아이들과 함께라면 전통 민속관이나 세계 민속관, 탈춤 전시관 등도 들러보길 권한다. 조선시대 후기의 농촌생활과 전통 생활문화, 전통 탈 등을 살펴보며 우리나라의 옛 생활상에 대해 이야기를 나누기에도 좋다.

우리 아이들은 옛날 사람들이 어떻게 살았는지에 대해 관심이 많은 편이었다. 그래서 옛날 사람들이 사용했던 달구지나 절구, 디딜방아 등을 보면 흥미를 보였다. 그럴 때는 이게 무엇이고 옛날 사람들은 어떨 때 이런 것을 이용했는지 알려주고, 지금의 사람들과는 어떤 점에서 생활이 달랐는지 이야기해주면 아이들은 관심을 보였다. 아이들과 역사와 관련된 장소에 갈 때는 아이를 학습시키겠다는 욕심을 내려놓자. 아이가 흥미를 보이고 관심을 가질 수 있는 정도만 되어도 충분하다. 아이가 흥미를 느끼는 코너나 장소가 있다면 충분한 시간 동안 머무를 수 있도록 해주자. 6살 이상의 아이라면 방문하기 전에 역사책이나 관련한 인물 이야기책을 먼저 읽고 가는 것도 좋은 방법이다.

식사는 장터나 상가마을을 이용해야 하는데, 사람이 많은 주말에는 장터가 붐비고 식사시간에는 식권 사는데도 줄을 오래 서야 하는 편이므로 어린 아이들과 함께 가는 경우에는 붐비는 식사시간을 피해 장터나 식당을 이용하는 편이 다소 수월하다. 공연을 보여주고 싶다면 공연 시간표를 미리 체크하고 움직여야 한다.

나들이 전후 읽기 좋은 책

『더도 말고 덜도 말고 한가위만 같아라』(책읽는곰), 『괴나리봇짐 지고 세상 구경 떠나보세』(재미마주), 『설빔』(사계절), 『사물놀이 이야기』(사계절), 『알콩달콩 우리 명절 시리즈』(비룡소)

Information

주소 경기도 용인시 기흥구 민속촌로 90

문의 031) 288-0000, www.koreanfolk.co.kr

이용시간 개장시간 09:30, 폐장시간은 주중과 주말, 월별로 다름, 홈페이지 참조할 것, 연중무휴 운영

이용요금 어른 15,000원, 어린이 10,000원, 자유이용권 어른 24,000원, 어린이 17,000원

교통편 🚌직행 좌석버스 5000-1번(신논현역 6번 출구 승차), 1560번(강남역 7번 출구 승차), 5500-1번(종각역 3번 출구 승차) ⋯ 민속촌 또는 민속촌 삼거리 하차
🚗① 경부고속도로 ⋯ 수원IC 우측 진출(신갈, 민속촌 방면) ⋯ 상갈교 사거리에서 좌회전 ⋯ 민속촌 삼거리에서 좌회전 ⋯ 한국민속촌
② 용인서울고속도로 ⋯ 헌릉IC(용인 방면) ⋯ 서수지IC(용인 방면) ⋯ 청명IC 우측 진출(기흥구청, 한국민속촌 방면) ⋯ 23번 지방도로 우측 진출 ⋯ 민속촌 삼거리에서 우회전 ⋯ 한국민속촌
주차정보: 주차요금 대형 3,000원 소형 2,000원

32

옛 사람의
생활 엿보기

국 립 중 앙 박 물 관
어 린 이 박 물 관

용산가족공원과 연결되어 있어 관람하고 난 후에 가족공원으로 가서 놀기에도 좋은 곳입니다. 너무 어린 아이들보다는 7살 이상의 아이들이 방문하면 우리나라의 옛 모습에 대해 이야기를 나누기에 더 좋아요.

연휴에는 사람이 붐비는 놀이동산보다는 제한된 인원이 관람하는 박물관을 찾는 편이다. 국립중앙박물관 어린이박물관은 인터넷으로 미리 신청을 받고 현장 입장도 제한을 두기 때문에 최대 인원이 들어와도 너무 붐빈다는 생각은 들지 않는다.

아이들 5살 때 처음 갔는데, 그때만 해도 아이가 어려서 뭐가 뭔지도 모르고 그냥 절구 두들기고 맷돌 돌려보고 판화 찍어보는 재미로 다녔다. 6살 때 가니 유치원에서 우리나라의 옛 모습에 대해 이야기를 나누고 와서인지 제법 알은체를 한다. 입장하자마자 보이는 움집도 아는 거라며 큰 소리로 설명하기도 하고, 절구, 맷돌도 예전보다 더 주의 깊게 보기도 한다.

이곳은 무료로 입장할 수 있는 곳이지만, 입장하기 전 입구에 있는 기념품점에서 활동지를 미리 구입하면 좋다. 파일 안에 이곳에서 직접 체험해볼 수 있는 벽화 찍기나 가면 만들기 재료가 들어 있기 때문이다. 퍼즐로 우리나라 유물을 맞추어보는 곳, 옛 악기의 소리를 들어보는 곳, 나무로 탑 형상을 만들어보는 곳 등 크진 않지만 다채로운 체험활동이 가능하고, 나가는 곳에는 작은 도서관도 마련되어 있다.

총체험시간은 1시간 30분으로 정해져 있다. 넓지 않은 곳이라 한 번 같이 둘러봐주면 아이들은 이내 혼자서 이것저것 체험하고 온다. 6살이 되니 가능해진 일이다.

초등학생 정도 되면 어린이박물관에서 국립중앙박물관을 이어서 관

체험의상은 사용 후 옷걸이에 걸어주세요

람하는 것도 좋다. 국립중앙박물관의 경우, 구석기부터 통일신라시대까지의 유물과 미술품, 아시아 여러 나라의 문화를 엿볼 수 있는 공예품 전시를 볼 수 있는데, 기획 전시나 특별 전시는 유료로 진행되기도 한다. 매주 토요일과 수요일에는 저녁 9시까지 문을 여니 더운 여름밤이나 직장을 마치고 아이들과 방문해도 좋을 듯하다.

어린이박물관과 상설전시관 가운데에 식당가가 있으므로 밥을 먹은 후 야외정원을 산책하거나 연결되어 있는 한글 박물관, 용산가족공원을 방문할 수도 있다. 점심시간의 식당가는 많이 붐비는 편이므로 어린 아이가 있다면 12시부터 1시는 피하는 편이 좋고, 야외정원에는 그늘이 없는 편이므로 더운 날 한낮은 피하도록 하자.

매달
문화가 있는날
있는날
영화·스포츠 공연·미술관·박물관·고궁
무료 또는 할인관람
MMCA
Exhibition
GUIDE
A
Spring
of the
Artist
국립현대미술관
보호수

33

정원이 아름다운
미술관 나들이

국 립 현 대 미 술 관
서 울 관

삼청동 가는 길에 위치한 이곳은 경복궁, 민속박물관, 북촌을 방문할 때 같이 들러보기에 좋은 곳입니다. 아이들과 현대미술전시를 일부러 찾아가는 일이 별로 없어서 자연스럽게 현대미술을 접할 수 있다는 것이 큰 장점입니다.

국립현대미술관 서울관은 딱히 관람을 목적으로 하지 않더라도 소격동, 삼청동을 거닐다 들어가서 둘러보기 좋은 곳이다. 앞뜰과 뒤뜰에 아이들이 뛰놀 만한 공간도 있다.

제법 뜨거운 햇살이 내리쬐던 5월의 볕 좋은 날, 아이들과 미술관을 찾았다. 늦은 오후의 미술관은 한가하고 고요했다. 아이들을 위한 전시는 없지만, 전시관이 한산하여 아이들과 관람하기에도 부담이 없어 좋았다. 작은 목소리로 이야기하는 게 아직은 힘든 어린 아이들이 큰 소리로 질문을 던져도 덜 민망하고, 자유롭게 작품을 볼 수 있었다. 전시 관람 후에는 미술관 앞 레스토랑이나 뒤편의 카페에서 식사나 차를 마시며 모처럼의 여유를 즐겼다.

또 언젠가는 다소 선선해진 바람을 느끼며 세종문화회관 앞에서 광화문을 지나 경복궁 담을 끼고 국립현대미술관 서울관까지 걸어간 적도 있다. 가는 길도 운치 있었고, 노을 지는 하늘 아래 초록 잔디 위에서 뛰노는 아이들을 보며 가슴속에서 왠지 모를 뭉클함이 솟아오르는데, 찰나였지만 참 행복했던 기억이 있다.

어른인 나부터도 이해하기 쉽지 않고, 아이들에겐 설명해주기 어려울 것 같아 평소에는 다소 기피하는 현대미술이지만, 막상 아이들은 자기들 나름대로 작품을 이해하기도 한다. 아이들은 시대별로 전시된 TV를 보며 신기해했고, 위인전집에서 혹은 다른 전시관에서 본 백남준 작가의 작품을 아는 척하며 반가워했다. 야외에도 거대한 조형물이 설치되어

있었는데, 하늘을 넓게 드리운 작품은 건물과 하나인 듯해 보이기도 하고, 작품이면서도 방문객들에게 그늘과 쉼터를 만들어주어 인상적이었다.

국립현대미술관은 서울관 외에 과천관, 덕수궁관, 청주관이 있고 과천관의 경우에는 어린이미술관이 있어 모두 한 번씩은 들러보기 좋은 곳이다. 특히 서울관은 경복궁, 민속박물관, 북촌을 들르는 길에 방문하면 좋다. 이곳에서는 미술전시 외에도 콘서트나 문화 행사를 종종 개최하므로 방문 계획이 있다면 홈페이지를 확인해보는 것이 좋고, 주말에는 가족 단위의 체험 미술 수업도 진행되고 있으므로 관심이 있다면 홈페이지에서 미리 신청할 수 있다.

관람이나 식당 이용시 주차가 1시간 무료이다. 주변의 사설 주차장에 비해 주차료가 저렴한 편이고 경복궁 주차장보다는 들어가기가 쉬운 편이므로 이 동네를 방문할 때 이용하기에도 좋다. 주말에는 워낙 막히고 인파가 몰리는 곳이라 아침에 서둘러 방문하는 것이 아이들과 이곳저곳 둘러보기에 편하다. 주중에는 오후 느지막이 잠깐 바람 쐬러 들르기에 좋은 곳이다.

나들이 전후 읽기 좋은 책

『미술관에서』(황금여우), 『규리 미술관』(키다리), 『푸메 꾸메와 함께 미술관에 가요!』(상상스쿨), 『점선면으로 보는 그림』(을파소), 『비디오아트의 선구, 백남준의 TV부처』(국민서관)

Information

주소 서울시 종로구 삼청로 30
문의 02) 3701-9500, www.mmca.go.kr
이용시간 화, 목, 금, 일요일 10:00~18:00, 수, 토요일 10:00~21:00,
야간개장 18:00~21:00(무료관람), 1월 1일, 매주 월요일 휴관
이용요금 전시마다 다름, 단일관람권 4,000원
교통편 ① 3호선 안국역 1번 출구 ⋯ 도보 15분
② 5호선 광화문역 광화문역 2번 출구 ⋯ 도보 20분
272, 401, 406, 704, 171, 109, 7022, 7025, 1020번 버스
셔틀버스 운영 화~금요일, 1일 4회, 덕수궁관 대한문 앞 시티투어버스 정거장에서 탑승
광화문교차로에서 인사동 쪽으로 우회전 ⋯ 경복궁교차로에서 좌회전
주차정보: 최초 1시간 이내 2,000원, 초과시 15분당 500원 추가

34

전쟁의 의미 배우기

전 쟁 기 념 관
어 린 이 박 물 관

야외 마당에 전시된 실물 탱크와 전투기를 보고 흥분하기도 하지만, 놀이로만 생각하지 않고 전쟁이 왜 일어나게 된 것인지, 전쟁을 겪으면 어떤 어려움이 있는지 등을 같이 이야기 나누어보면 어떨까요?

남자아이들을 키우다 보면 아이가 자동차, 탱크, 비행기 등에 관심을 보일 때가 있다. 그럴 때 가볼 만한 곳이 바로 전쟁기념관이다. 처음에 전쟁기념관을 가보려고 검색하자, 의외로 아이들을 위한 전시가 열리거나 체험놀이터로 많이 운영되고 있다는 것을 알게 되었다. 처음 찾았을 때엔 코코몽 놀이터가 있었고, 세계동물 대탐험전을 보러 다녀오기도 했다.

체험전시는 주로 지하 전시실에서 하는데, 이걸 보고 나면 아이들은 밖으로 뛰어나온다. 옥외전시장에 실제로 사용되었던 탱크, 전함, 전투기 등이 전시되어 있기 때문이다. 탱크나 전함을 직접 타볼 수도 있어서 특히 남자아이들이 열광하는 곳이다. 우리 아이들은 이곳에서 종종 숨바꼭질도 한다. 다만, 그늘이 없어서 철제 비행기 같은 전시물이 여름에는 햇볕에 금방 뜨거워져서 조심해야 한다. 또, 한겨울에는 바람을 막을 곳이 없어서 꽤 춥다.

아이들이 7살이 되고부터는 상설전시관도 꼭 둘러보고 나오는 편인데, 1층에는 삼국시대부터 현대까지의 각종 호국전쟁 자료와 위국 헌신한 분들의 공훈 등이 실물, 복제품, 기록화, 영상 등으로 전시되어 있다. 아이들이 가장 흥미로워하는 거북선도 전시되어 있다.

7살이 되고 유치원에서 3.1절, 광복절, 6.25전쟁에 관한 이야기를 나누고 온 터라 그전에는 그냥 지나쳤던 한국전쟁에 관한 이야기도 빠지지 않는다. 어느덧 아이들이 자라서 이런 이야기를 나눈다는 게 대견하

6·25
해병대
만세소리가 퍼져 나가
The March First Independence Moven
손잡이를
돌려 보세요.
대한독립 만세~!
Turn the wheel, let's cheer!
"Daehan Dokrip Mansei
(Free Korea)"

기도 하고, 아이들이 커가며 올바른 역사를 알기 위해서는 부모가 먼저 역사를 공부해야겠다는 생각이 들었다.

전쟁기념관 안에 어린이박물관도 있는데, 생긴 지 얼마 되지 않아 시설이 잘 되어 있다. 규모가 크지는 않지만 한반도에서 있었던 대규모 전쟁에서 활약한 장수들을 작은 방에서 각각 애니메이션으로 볼 수 있고, 일제시대, 6.25전쟁에 대해 아이들 눈높이에 맞추어 이야기해주는 영상물도 마련되어 있다. 출구 쪽에는 어린이를 위한 암벽타기와 그물놀이터가 있는데 이 그물놀이터의 정식 이름은 '어린이 유격장'이다. 키가 110~140센티 이하인 어린이만 입장이 가능하다. 어린이박물관 체험이

50분 단위로 이루어지므로 어린이 유격장을 이용하려면 관람시간을 남겨두어야 한다. 어린이박물관은 현장 입장도 가능하지만 빨리 마감되는 편이므로 인터넷으로 예약하고 방문할 것을 추천한다.

기념관 내에 식당이 있고, 전시관 안에도 카페테리아가 있으나 메뉴가 다양하지 않으므로 간식을 준비해가는 것도 좋다. 근처에 새로 생긴 크라운해태 키즈 뮤지엄도 함께 들러볼 만하다.

가회 어린이집

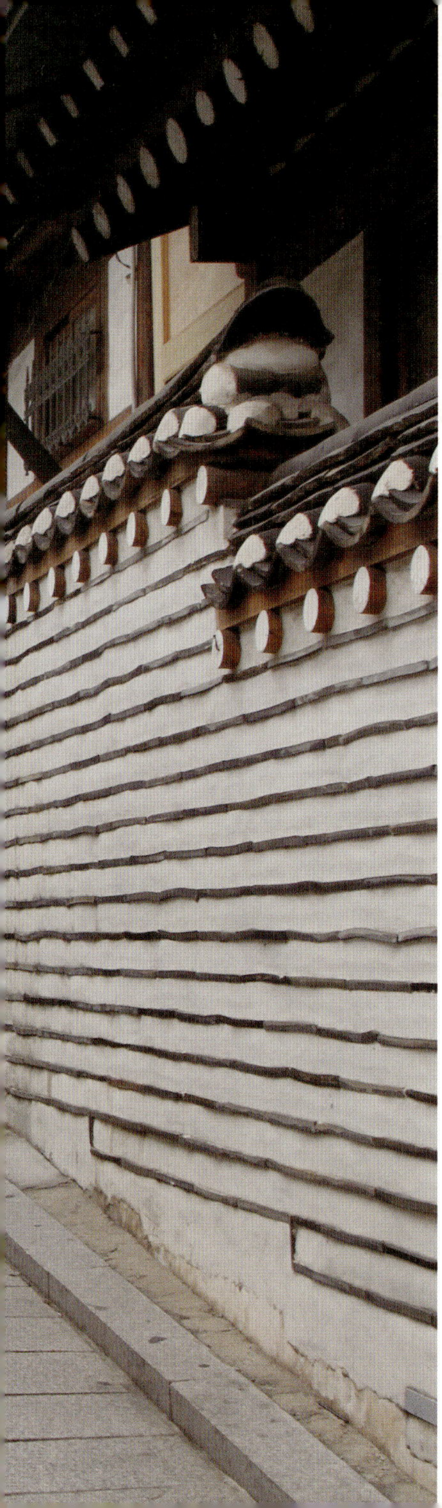

35

북촌 8경 사진에 담아오기

북 촌 한 옥 마 을

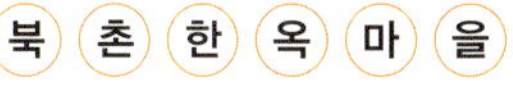

북촌 산책은 늘 바쁘고 복잡한 생활에만 익숙해진 아이들에게 느림의 미학을 느끼게 해준답니다. 물론 이곳도 주말에는 북적이긴 하지만, 좁은 골목에서 엄마 손을 잡고 걸어보는 것도 좋은 추억이 될 것입니다.

북촌은 원래 청계천과 종로의 윗동네를 이르는 지명이다. 종로의 아랫동네, 즉 지금의 남산에 해당하는 일대는 남촌이라 했다. 북촌에는 조선시대 왕족이나 권세 있는 사대부들이 살았고, 남촌에는 하급 관리들이 살았다. 근래에는 경복궁과 창덕궁 사이의 한옥마을을 북촌이라 부른다.

북촌은 그 자체로 우리 역사의 박물관이고 남아 있는 것들이 모두 문화재이다. 북촌 한옥마을이 잘 보존되어 있고, 삼청동과 가회동에는 개인 박물관도 많이 들어서 있다. 그중에서도 가회 민화박물관, 북촌 전통공예체험관, 생각하는박물관 등은 아이들과 방문해보기 좋은 곳이다.

삼청동과 가회동은 아이들이 없을 때 즐겨 찾던 데이트 코스 중 하나였는데, 언제부터인가 주말에는 사람이 너무 많아서 경복궁이나 민속어린이박물관은 가도 삼청동 윗길로는 갈 생각조차 할 수 없었다. 7살이 되자 아이들도 이젠 제법 잘 걷는 것 같아 봄나들이로 북촌 구경에 도전했다.

우선 이곳은 주차하기가 쉽지 않아서 대중교통을 이용하는 편이 좋다. 아이들은 지하철, 마을버스 타는 것만으로도 재미있어한다. 주말 삼청동은 관광객이 너무 많아서 아이들과 한적하게 걷기에는 삼청동길보다는 가회동길이 낫다. 북촌 한옥마을 역시 관광명소가 되면서 가회동도 예전의 고즈넉함을 잃어버리긴 했지만, 기와집 골목을 아이들과 거닐자니 어린 시절로 돌아간 기분이 든다.

제법 걸어야 하는 길이므로 편한 운동화, 물을 챙겨 길을 나섰다. 아니나 다를까 조금 뛰어다니더니 겉옷을 휙 던져버리고 덥다며 물을 찾는다. 아이들과 걷기에는 조금 선선한 계절이 좋다. 처음엔 놀거리가 없다고 투덜대던 아이들이 동네 골목골목을 걸으며 이것저것 구경하느라 바쁘다. 북촌 한옥마을이 관광명소가 되면서 골목골목에 작고 예쁜 가게들이 생겨나고, 북촌 8경이라는 포토 스팟이 마련되어 있어 하나하나 찾아 사진을 찍는 재미도 있다. 아이들과 함께 둘러보기에는 북촌 3경이나 4경 정도가 적당한데, 이곳을 걷다 보면 갤러리나 공방도 만날 수 있으므로 중간중간 구경하고 체험하며 쉬어갈 수도 있다.

북촌문화센터에서 나와 북촌길 언덕을 오르면 첫 번째 포토 스팟이 나온다. 창덕궁의 전경이 가장 잘 보이는 장소로 이곳이 북촌 1경이다. 돌담길을 따라 걷다 보면 불교미술관과 연공방을 지나 골목 끝에 궁중음식원의 정갈한 마당과 기와 문양의 담이 보이는 자리에 북촌의 두 번째 포토 스팟이 나온다. 자수박물관을 지나 가회박물관, 매듭공방으로 내려가는 길이 북촌 3경, 가회로를 건너 돈미약국 옆 골목으로 들어가면 한옥밀집지역인 가회동 31번지가 펼쳐지는데 이곳이 북촌 4경이다. 한옥의 아름다운 지붕을 감상하기에 가장 좋은 곳이다.

키 큰 회나무집을 돌아 올라가면 처마를 서로 맞대고 빼곡하게 늘어선 예스런 한옥들이 골목을 이루고 있는데 이곳이 북촌 5경, 이 골목을 따라 올라가서 뒤돌아보면 멀리 남산이 보이는데 이곳이 북촌 6경이다.

그 옆으로 소박한 골목 전경이 북촌 7경이고, 빼곡한 한옥들의 지붕과 경복궁, 인왕산, 청와대의 조망이 좌측으로 펼쳐지는 화개1길을 따라 오르다 보면 삼청동길로 내려가는 돌층계길이 있는데, 이 길을 끝까지 내려오면 북촌 8경이다.

아이들이 조금 지쳐하는 것 같아 중간에 내리막길을 찾아 내려오는데, 저기 멀리서 인력거가 보인다. 북촌을 운행하는 전문 인력거라고 한다. 이미 예약이 끝난 상태라 바로 이용할 수 없었지만, 아이들과 북촌을 또 한 번 찾아야 할 이유가 생겼다.

나들이 전후 읽기 좋은 책

『정겨운 한옥 마을 북촌 나들이』(낮은산), 『우리나라 별별 마을』(웅진주니어), 『세계 여러 나라 집 이야기2 기와집』(아이코리아), 『우리 할아버지는 북촌 뻥쟁이』(웃는돌고래)

Information

주소 서울시 종로구 계동길 37
문의 02) 2133–1371, http://bukchon.jongno.go.kr
이용요금 무료, 박물관 관람 및 체험은 유료
교통편 3호선 안국역 3번 출구 ⋯➙ 도보 15분
7025, 109, 151, 162, 171, 172, 272, 601번 버스
주차정보: 근처 정독도서관, 경복궁, 국립현대미술관 서울관 주차장 이용

· · ·

놀이동산, 동물원, 수족관은 한 번쯤 가봤을 것이다. 그러나 어린 아이를 데리고 간다면, 너무 넓어서 시설을 제대로 둘러보지 못하고 힘겨움만 느끼고 돌아올 확률이 높다. 여기서는 아이와 함께 가는 것에 초점을 맞추어 정리했다. 어린 아이들이 이용 가능한 놀이기구나 시설을 위주로, 가능하면 덜 붐비는 시기와 시간대는 언제인지, 유모차 대여는 되는지, 먹을거리를 파는 곳은 어디쯤인지와 같은 꼭 필요한 정보들을 소개했다.

나들이 필수 코스
놀이공원, 동물원, 수족관 알차게 즐기기

MYSTIC SWING
MOON
AIR
SUN

36

국내 최대
테마파크에서 보내는
신나는 하루

에 버 랜 드

놀이기구가 연령별로 다양해서 어린 아이부터 성인까지 즐길 수 있고, 길거리 공연이나 불꽃놀이도 화려하고 흥겨워서 온 가족이 즐기기 좋은 곳입니다. 봄에는 각종 꽃축제가, 겨울에는 눈썰매장이 운영되어 계절을 즐기기에도 좋습니다.

국내에서 가장 큰 놀이동산인 에버랜드는 동물원과 놀이동산이 함께 있어 아이가 있는 집이라면 한 번은 가보게 되는 필수 코스이다. 우리도 아이들과 함께 다닌 지 어느덧 5년째인데, 그동안 키즈커버리, 뽀로로4D상영관, 로스트밸리, 판다월드 등이 새롭게 선을 보이며 어린 아이들이 즐길 만한 곳이 더 많아졌다.

에버랜드는 꽃들이 만발하고 장미축제가 열리는 5월이 가장 예쁘지만 그만큼 가족 나들이객이 많고 붐비는 때이기도 하다. 3월, 9월 학기가 시작되는 주간에 방문하면 대체로 한가하게 즐길 수 있다. 5, 6월의 장미축제 외에도 3, 4월에는 튤립축제, 7, 8월은 썸머 스플래쉬, 9, 10월의 할로윈 등 시기마다 즐길거리가 다양하다. 늦은 밤이면 하늘을 화려

하게 물들이는 불꽃놀이도 장관이다.

연령대별로 이용할 수 있는 놀이기구가 다양해서 5살 미만의 어린 아이도 탈 수 있는 놀이기구가 제법 있다. 이런 놀이기구를 많이 기다리지 않고 잘 이용하려면 스마트폰에 에버랜드 앱을 설치하면 좋다. 어트랙션 카테고리에 들어가 추천코스로 어린이 코스를 선택하면 아이들이 이용할 수 있는 놀이기구를 알려준다. 또, 아이들 키에 맞춰 직접 필터링한 후 이용 가능한 놀이기구를 알려주고, 내가 있는 위치에서 거리, 운영시간, 현재 대기시간까지 상세히 나온다. 입장할 때 에버랜드 앱에 주차 위치를 등록해두면, 나와서 내 차가 어디에 있는지 지도로 확인할 수도 있다.

6살 미만 아이와의 나들이라면 입장할 때에 키즈커버리를 예약해두길 추천한다. 키즈커버리는 동물 테마의 실내놀이터인데 12개월 미만은

무료, 12~36개월은 입장권을 구매하면 시간제로 이용할 수 있는데 어린 아이들이 무척이나 좋아하는 곳이다. 키 125센티 이상의 어린이는 입장이 안 되는, 어린 아이들을 위한 시설이어서 큰 아이들과 같이 온 경우에 큰 아이는 아빠와 어린 동생은 엄마와 이곳을 찾기도 한다. 단, 이곳은 예약제로 이용 가능하기 때문에 미리 동선을 잘 생각해서 입장권을 구매해야 한다. 뮤지컬 공연 또한 인기 프로그램이라 입장해서 바로 보이는 뽀로로4D상영관 앞에서 뮤지컬을 예약하고 키즈커버리를 예약하러 가는 것도 좋다.

퍼레이드 구경도 빼놓을 수 없는 재미이다. 주공연장에 자리를 맡으려면 오래 기다려야 하고 아이들이 지겨워하는 편이라 퍼레이드가 시작할 시간이 되면 퍼레이드가 지나가는 길가에 쪼르르 앉혀놓고 기다리는데, 눈앞으로 가장행렬이 지나가며 아이들에게 손 흔들어 인사해주고 손도 잡아주어서 아이들은 이곳에서 보는 것을 더 좋아한다.

매년 여름마다 진행되는 썸머 스플래쉬 페스티벌에서는 비옷을 입고 물총 싸움을 할 수 있는데, 사람들이 붐비고 더운 여름에 비옷을 입히고 기다리는 게 쉬운 일은 아니라서 7살 이상은 되어야 신나게 즐길 수 있는 것 같다.

갈 때마다 새로워지는 곳이지만, 아쉬운 점은 주말에는 고속도로 입구부터 막힐 정도로 입장이 쉽지 않다는 점이다. 또, 즐길거리가 많은 만큼 입장료와 가서 쓰는 비용도 만만치 않다. 36개월 미만은 입장이 무료이지만 어트랙션을 이용하려면 이용권을 각각 구매해야 하므로 탈 것이나 키즈커버리 등을 이용할 계획이 있다면 자유이용권을 구매해야 한다. 1년에 4번 이상 갈 계획이 있다면 연간회원권을 구입하는 편이 낫고, 주중에 이용할 수 있다면 스마트 회원권이 보다 저렴하고 효율적이다. 키즈 회원권을 가입하면 1년간 키즈 요금으로 이용할 수 있어서 보통 36개월이 되는 즈음에 키즈 회원권에 가입하기도 한다.

최근에는 글램핑 힐을 새로이 오픈했는데, 숙박은 하지 못하지만 숲 속에서의 글램핑 체험을 해볼 수 있고, 추운 날에는 쉬어가며 몸을 녹일 수도 있다. 시즌마다 새로운 이벤트와 즐길거리가 추가되고 있으므로 방문 계획이 있다면 홈페이지를 먼저 둘러보기를 추천한다.

나들이 전후 읽기 좋은 책

『놀이공원 가는 길』(웅진주니어), 『회전목마』(시공주니어), 『불꽃놀이 펑펑』(한림), 『아하하 놀이공원을 구해 줘』(노란우산), 『환상의 숫자팀 놀이공원을 만들다』(성우), 『아찔아찔 놀이동산에서 배우는 과학이야기』(이가서)

Information

주소 경기도 용인시 처인구 포곡읍 에버랜드로 199
문의 031) 320-5000, www.everland.com
이용시간 홈페이지 참조
이용요금 주간권 기준 대인 46,000원, 소인 36,000원(홈페이지 참조)
교통편 분당선 기흥역 ⋯ 에버라인(경전철)으로 환승 ⋯ 종점 하차 ⋯ 셔틀버스(무료) 이용
　　　　5002번, 5700번 버스 또는 정기 관광버스(강남역, 양재역, 영등포, 신도림, JW매리어트, 홍대입구, 신촌역, 시청, 종로3가, 동대문, 신촌, 불광, 사당)
　　　　마성TG 진입 ⋯ 주차장-정문간 셔틀버스(무료) 수시 운행
　　　　주차정보: 무료. 정문 앞 대리주차서비스 이용요금 15,000원

37

초원을 누비는
거대동물 관찰하기

온 가족이 함께 이용할 수 있는 놀이 및 여가시설이 다양한 곳입니다. 어린 아이들을 위한 나들이라면 테마가든만 이용하는 것도 좋아요. 작은 동물을 가까이서 볼 수 있고 아이들이 걸어다니기에도 적당한 거리라 아장아장 걷는 아가들의 봄나들이 장소로도 제격입니다.

아이들이 동물에 관심을 보이기 시작한 때가 세 돌 무렵이었던 것 같다. 관심을 보이는 아이들에게 진짜 동물들을 보여주고 싶다는 생각에 과천 서울동물원을 찾았다. 첫 방문이어서 엄마에게는 낯설고 아이들은 어리고 하필 날은 덥고, 어찌해야 할지를 몰랐었다. 리프트장까지 유모차를 끌고 가는 길이 쉽지 않았던 기억이 난다. 그 후로 몇 번을 방문하여 이제는 어디에 무엇이 있는지 다 알게 되어서, 어느 날은 리프트를 타고 들어가기도 하고, 어느 날은 코끼리 열차를 타고 들어가서 버스를 이용하기도 한다.

이곳은 우리나라에서 가장 큰 동물원으로 기린, 하마, 코뿔소 등 다른 동물원에서는 보기 힘든 큰 동물들을 가장 많이 볼 수 있는 곳이다. 그런 만큼 규모가 커서 이동거리가 많은 편이므로 동선을 생각하고 움직이는 게 중요하다. 주차장에서 동물원까지 리프트나 코끼리 열차로 이동해야 하고, 또 동물원 입구부터 동물장까지도 제법 걸어야 하므로 어린 아이라면 유모차가 필수이다. 유모차는 동물원 입구에서 대여할 수 있다.

사자, 호랑이 등의 맹수를 관람하고 싶다면 리프트나 동물원 내의 버스로 이동하여 위쪽에서부터 내려오는 순서로 관람하는 것이 좀 더 편하다. 그러나 어른 한 명에 아이들이 두 명 이상이거나, 아이들이 리프트를 무서워할 수도 있으므로 아이들의 연령이나 성향을 고려하여 이동 수단을 결정해야 한다.

아래에서부터 출발하고 유모차 없이 다닌다면 동물원 내로 들어와 관람버스를 타고 원하는 지점에서 가까운 곳에 내릴 수도 있다. 넓은 곳이라 한 번에 다 보겠다는 욕심을 가지면 엄마도 아이도 힘들어질 수 있으므로 아이가 가장 관심을 갖는 동물들 위주로 본 뒤 한쪽에 마련된 공룡놀이터에서 시간을 보내는 것도 방법이다.

어린 아기들과 함께라면 무서운 동물들보다는 초입의 초식동물이나 입구 맞은편에 있는 테마가든을 방문해보는 것도 좋다. 테마가든은 장미원과 어린이 동물원을 함께 이용할 수 있는 곳이다. 표를 별도로 구매해야 하지만 돼지, 원숭이, 염소, 양, 토끼 등 작은 동물들을 가까이에서 볼 수 있고 작은 놀이터도 있다. 염소, 양, 토끼 먹이주기 체험이나 양몰이도 구경할 수 있어서 동물을 좋아하는 어린 아이들이 무척 반기는 곳이다.

식사는 동물장마다 마련된 휴게소에서 간단한 식사가 가능하다. 돈가스, 비빔밥, 짜장밥, 국수 등을 판매하는데, 메뉴 선택이 다양하지 않으므로 어린 아이들이라면 간단한 간식이나 도시락을 준비해가는 편이 낫다.

나들이 전후 읽기 좋은 책

『알록달록 동물원』(시공주니어), 『동물원 가는 길』(시공주니어), 『동물원』(논장), 『동물원 친구들은 어떻게 지낼까?』(논장), 『똑똑한 동물원』(바람의아이들)

Information

주소 경기도 과천시 대공원광장로 102
문의 02) 500-7335, www.grandpark.seoul.go.kr
이용시간 3~10월 09:00~19:00, 11~2월 09:00~18:00,
　　　　　　7, 8월 야간개장 09:00~21:00
이용요금 동물원 어른 5,000원, 어린이 2,000원(테마가든, 동물원쇼는 별도, 홈페이지 참조)
교통편 🚇 4호선 대공원역 2번 출구
　　　　　🚗 올림픽대로 ⋯▸ 양재IC ⋯▸ 안양, 과천 방향으로 직진 ⋯▸ 선바위역에서 좌회전 ⋯▸ 경마공원역 ⋯▸ 궁말삼거리에서 직진 ⋯▸ 대공원역 삼거리에서 직진 ⋯▸ 주차장
　　　　　주차정보: 승용차 4,000원, 경차 2,000원

38

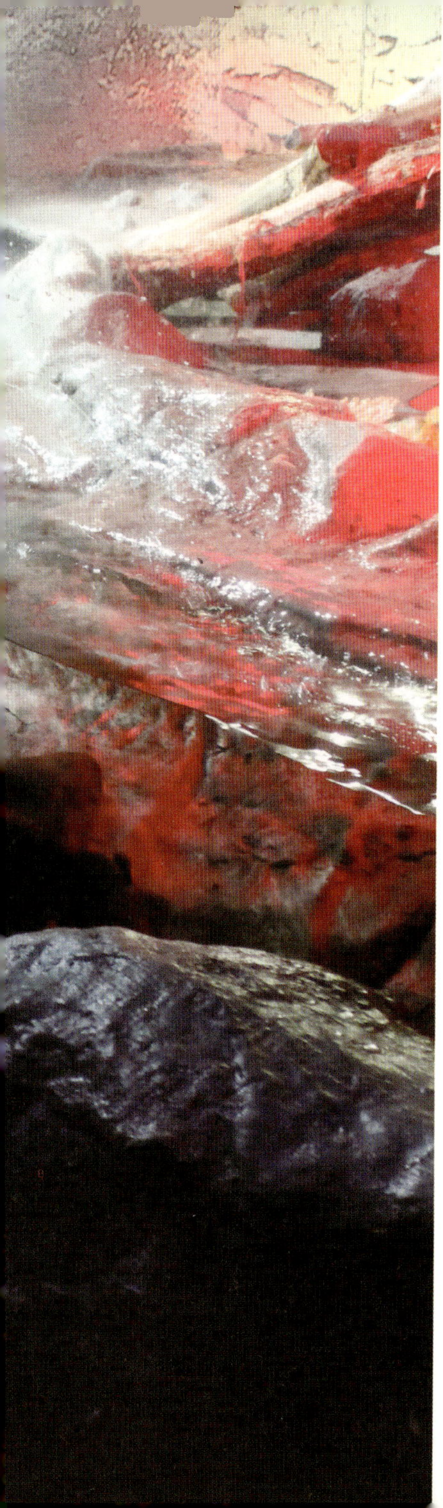

신비한 물고기도 보고 코엑스도 즐기고

코 엑 스 아 쿠 아 리 움

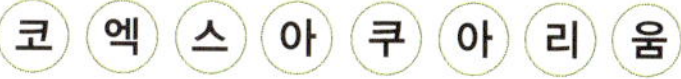

코엑스 아쿠아리움의 강점은 편리한 접근성입니다. 지하철을 이용해 2호선 삼성역에서 내려 코엑스에 들어오면 바로 아쿠아리움까지 연결되어 있어서 수족관을 구경한 후 코엑스를 들러보는 것도 또 다른 재미입니다.

　　4살 무렵은 새로운 사물과 동물에 대한 호기심이 많아져서 동물원이나 수족관을 많이 찾게 되는 시기이다. 코엑스 수족관을 처음 데리고 간 것도 아이들이 4살 때였다. 어항이나 식당 수족관에 착 달라붙어서 눈을 떼지 못하던 아이들에게 좀 더 큰 곳에서 물고기를 보게 해주려고 아쿠아리움을 찾았다.

　　코엑스 아쿠아리움은 가격이 다소 비싼 편으로, 1년에 2번 이상 방문할 계획이라면 연간회원권을 끊는 것도 방법이다. 48개월까지는 무료 입장이므로 부모만 연간회원권을 끊어서 방문하면 좀 더 저렴하게 이용할 수 있다.

　　사람이 너무 많으면 앞으로 걷기도 쉽지 않으니 아이와 함께라면 조금이라도 한가한 시간을 이용해보자. 평일 오전에는 단체 관람이 많은 편이고 오후 먹이주기 시간에도 관람객이 많으니 개장시간(오전 10시)이나 폐장시간(저녁 8시) 1시간 전에 입장해서 여유 있게 관람하는 것도 괜찮다.

　　아쿠아리움에 들어서면 한국의 정원을 지나 상상 물고기 나라를 지나가게 된다. 냉장고, 세탁기, 공중전화부스 안에 물고기가 살고 있는데, 일상에서 쉽게 접할 수 있는 물건들 속에 물고기가 살고 있으니 아이들이 마냥 신기해한다. 누워서 천장을 바라보면 마치 하늘에 물고기가 떠 있는 것 같은 수족관도 있는데, 이름 그대로 상상력을 자극하는 공간이다.

마린터치 연구소는 성게, 말미잘, 불가사리 등을 만져보고 체험하는 놀이공간으로, 해양생물을 가까이서 관찰해볼 수 있어서 아이들이 꼭 체험해보고 지나가는 곳이다. 다만, 어린 아이들은 손가락을 입에 넣는 경우가 많으므로 손에 상처가 없는지 확인하고 터치풀을 이용하게 한다. 또, 이용 후에는 손을 깨끗하게 씻도록 하고 다른 아이들이 많이 기다리고 있을 때에는 차례로 양보해야 한다는 것도 가르쳐주자. 무엇보다 작은 생물이라도 소중히 다루어야 함을 알려주어야 한다. 터치풀에서 오랜 시간 머물 예정이라면 여벌옷이나 수건을 준비해가는 것이 좋다. 수중생물을 배양해서 키우는 과정을 보여주는 곳도 있는데, 8살 이상 아이들이 좀 더 흥미롭게 관찰한다.

아이들이 가장 좋아하는 곳은 해저터널이다. 머리 위로 지나가는 물고기들을 볼 수 있기 때문이다. 해저터널을 지나가면서 아이들이 가장 큰 관심을 보이는 물고기는 단연 상어와 가오리이다. 그래서 그런지 쉼터에 가면 커다란 상어의 입이 있어서 많은 아이들이 뾰족한 상어의 입 안에서 사진을 찍는다.

그 외에 산호와 열대어가 아름답게 전시된 산호미술관이나 아마존 정글을 테마로 꾸민 아마조니아 월드, 펭귄들의 꿈동산도 아이들이 좋아하는 곳이다. 동선을 안내하는 표지판을 따라가면서 지루할 틈 없이 관람할 수 있게 꾸며져 있다.

아쿠아리움 내부에는 스낵코너가 있어서 아이스크림이나 핫도그 정도의 간식을 사먹을 수 있으나 식사를 할 곳은 없다. 아쿠아리움을 나오면 코엑스 안에 식당이 많으니 이곳을 이용하자. 코엑스 몰에는 볼거리도 많고 한식, 중식, 양식 등 메뉴별로 다양한 음식점이 있기 때문에 아이들이 좋아하는 식당에서 식사를 할 수 있어서 좋다.

코엑스 주차장은 매우 넓어서 반드시 주차구역을 확인해두어야 한다. 지하2층 M, L지역, 지하3층 R, Q, S, T지역, 지하4층 V, Y, Z지역이 아쿠아리움과 가장 가까운 곳이다. 아쿠아리움 안은 유모차를 끌고 다니기에 다소 불편하므로 유모차는 가져가더라도 입구에 보관하는 편이 좋다.

39

비 오는 날도 즐거운
실내 테마파크

롯 데 월 드

롯데월드는 부모와 함께 탈 수 있는 유아용 놀이기구들이 많아서 좋았어요. 아이를 데리고 여러 기구를 타기 어려울 때는 모노레일 기차를 타고 바깥 구경을 하며 앉아서 구경할 수도 있고요. 집에서 멀지 않다면 연간회원권을 끊어서 이용할 수도 있습니다.

롯데월드는 국내 최대의 실내 놀이 테마파크로 날씨에 관계없이 이용할 수 있다는 것이 가장 큰 장점이다. 야외에 있는 매직 아일랜드에도 놀이기구들이 있긴 하지만 어린 아이들을 위한 놀이시설은 대부분 실내에 위치하고 있다. 특히 어린 아이들을 위한 놀이기구는 키디존에 모여 있어서 어린 아이들을 데리고 많이 걸어다니지 않아도 된다는 점도 좋다.

아이들을 위한 키디존은 정문으로 입장해서 회전목마 뒤쪽으로 위치하고 있는데, 5살 미만의 아동이라면 회전목마부터 시작해서 햇님달님, 매직붕붕카, 어린이 범퍼카, 스윙팡팡, 점핑피쉬 등 키디존에 있는 놀이기구만으로도 하루를 알차게 보낼 수 있다. 또한 키디존 안에는 어린이 동화극장과 벨루가 토크쇼도 있어서 아이들을 위한 공연도 즐길 수 있다.

어린 동생이 있다면 어린이 실내 놀이터인 키즈토리아를 이용해봐도 좋은데, 키즈토리아는 50분 시간제로 이용할 수 있으므로 미리 예약해 두어야 한다. 아이들이 좋아하는 로티 트레인은 꼬마 열차를 타고 롯데월드 중앙광장을 한 바퀴 도는 것인데, 키가 110센티 미만인 아이들도 보호자 동반시 탑승이 가능하므로 아기들과 즐기기에 좋다. 이 밖에도 어드벤처존에서는 로티의 열기구, 드림보트, 월드 모노레일, 동물극장 등을 아이들과 이용할 수 있고, 날이 좋다면 야외의 매직 아일랜드에서 환타지드림, 똘똘이 해적선 등도 즐길 수 있다. 놀이기구를 즐기는 7살

이상의 아이들이라면 신밧드의 모험이나, 회전바구니 등도 도전해볼 만하다. 퍼레이드나 중앙무대의 공연도 볼 만한데, 캐릭터 인형 분장을 보고 아이들이 무서워할 수도 있으므로 아이가 싫어하면 피해주는 것도 좋을 것 같다. 36개월 이상이라면, 유료시설이긴 하지만 어린 유아의 눈높이에 맞춰 숲 테마로 꾸며놓은 '환상의 숲'은 꼭 들러봐야 할 곳이다. 작은 동물을 직접 만나보고 먹이를 줄 수 있는 생태설명 프로그램도 시간대별로 진행된다.

입장료가 다소 비싼 편이지만, 여러 가지 카드 할인이나 이벤트들이 진행되므로 방문 전에 홈페이지를 보고 할인행사나 할인카드를 챙겨보아야 한다. 최근에는 롯데월드 앱에서 기구 탑승 예약이 가능하고 대기 시간도 알려주므로 앱은 꼭 다운받자. 날씨가 궂은 날 이용하기 괜찮은 장소이긴 하지만, 야외활동이 많은 시기에는 오히려 야외 놀이동산으로 사람들이 몰리는 편이라 붐비는 곳을 싫어한다면 이곳을 방문해보는 것도 좋다.

Information

주소 서울시 송파구 올림픽로 240

문의 1661-2000, www.lotteworld.com

이용시간 홈페이지 참조

이용요금 자유이용권 어른 46,000원, 어린이 36,000원, 베이비 12,000원

교통편 2, 8호선 잠실역 4번 출구

301, 341, 360, 362, 3217, 3313, 3314, 3315, 3317, 3411, 3414, 4319, 1007-1, 1100, 1700, 2000, 6900, 7007, 8001번 버스 ⋯ 잠실역, 롯데월드 정류장 하차

구리·판교IC ⋯ 송파IC ⋯ 가락시장 ⋯ 잠실사거리 ⋯ 롯데월드

주차정보: 입장권 구매시 3시간 무료, 자유이용권 구매시 종일 무료

동물원
관리전화
☎ 450-9383~4
(관) 450-9389

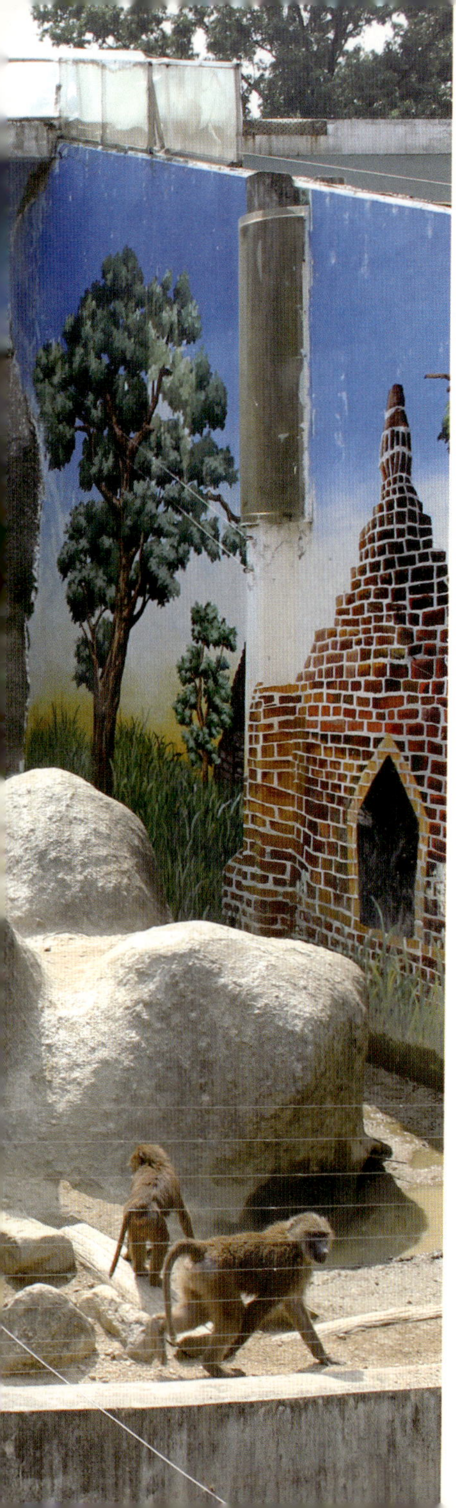

40

아기자기한 우리 아이 첫 동물원

어린이대공원동물원

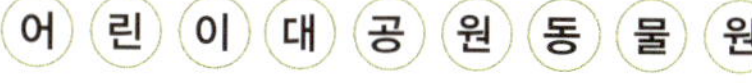

아기 동물마을과 사슴장에서는 먹이주기 체험이 가능하고, 말, 낙타 타보기도 있어서 어린 아이들이 이것저것 체험해보기 좋은 동물원입니다. 놀이동산에도 어린 아이들이 탈거리가 많아서 아이들을 데리고 가는 첫 놀이동산으로 적당합니다.

아이들 서너 살 무렵, 밤늦게까지 일하고 오전에는 일어나지 못하는 남편과는 달리 해 뜨면 어김없이 일어나는 아이들 덕분에 오전 6시면 하루가 시작되었다. 비몽사몽간에 기저귀 갈고 밥 챙겨 먹이고 해도 8시가 채 안 되어서 별일 없으면 아침 일찍 어린이대공원에 갔다. 8월의 더운 여름날도 오전에는 그럭저럭 움직일 만해서 날이 궂거나 추운 겨울을 빼고는 한 달에 두세 번 어린이대공원으로 출근도장을 찍은 듯싶다.

아이들이 어려서는 유모차를 끌고 정문 쪽으로 들어가 정문 근처 생태연못 주변이나 전래동화마을을 둘러보거나, 봄이면 벚꽃 흩날리는 돔아트홀 쪽 길 따라 산책하는 게 무척 좋았다. 여름에는 정문 광장에 있는 음악분수를 구경하는 것만으로도 시원했다. 아이들이 걷기 시작하고 동물에 호기심을 보이면서부터는 꼬마동물마을을 둘러보는 것으로 동물원 구경을 시작했다. 꼬마동물마을은 토끼, 염소, 말부터 왈라비, 코아티, 사막여우, 미어캣 등의 동물을 가까이에서 볼 수 있는 곳으로, 규모가 크지 않아 아장아장 걷는 어린 아가들과 함께 둘러보기에 좋다. 동물원 개장시간은 오전 9시이지만 공원은 새벽 5시부터도 입장이 가능해서 8시 반쯤 공원 주차장에 도착하면 주차하기도 쉽고 사람도 없어 아이들을 풀어놓기 딱 좋았다.

정문에서 동물원으로 가는 길에는 아이들이 그냥 지나치지 못하는 오즈의 마법사 놀이터가 있다. 사람들로 붐비기 전에 동물원을 먼저 돌고 나서 놀이터에 가곤 했더니 이제는 놀이터는 나오면서 들르는 곳으로 생각해서 보채지 않는다.

　정문으로 들어가면 꼬마동물마을부터 시작해서 열대동물관, 물새장, 맹수마을, 원숭이마을, 들새마을, 초식동물마을, 사슴마을, 바다동물관 방향으로 둘러보는 동선이 편하다. 후문으로 들어가면 맹수마을부터 시작하면 된다. 앵무마을을 관람하려면 조금 더 언덕을 올라야 하는데, 어린 아이들은 새가 날아다니는 앵무마을을 무서워할 수도 있으니 아이의 성향을 고려해서 동선을 짜는 것이 좋다. 초식동물마을이나 사슴마을, 원숭이마을에서는 먹이 자판기가 있어서 아이들과 같이 먹이주기를 할 수 있다. 꼬마동물마을 맞은편에는 낙타와 미니말 타기를 체험하는

곳도 있는데, 우리 아이들은 이곳을 그냥 지나치는 법이 없다.

놀이시설을 이용하려면 후문으로 입장하는 편이 좋고, 동물 공연을 먼저 보고 싶다면 구의문 입장이 가장 가깝다. 놀이시설은 규모가 크진 않지만 취학 전 아이들이 놀기에는 오히려 적당하다.

여름에 개장하는 물놀이장은 정문 쪽 놀이터 근처에 위치하고 있다. 바닥분수와 물이 흐르는 얕은 개울가 같은 물놀이장 위로 대형 그늘막도 설치되어 있어서 한여름에 아이들과 시원한 물놀이를 하기에 좋다. 4월부터 10월까지 운영되지만, 7, 8월을 제외하고는 오후 4시까지만 이용할 수 있고, 6월 20일경부터 8월 말까지는 오후 6시까지 이용 가능하다.

어린이대공원은 단체관람이나 사생대회 같은 행사도 많은 편이므로

오전시간에 방문할 때에는 10시 이전에 하는 것이 좋고, 오후에는 2시 이후에 방문하는 것이 좋다. 하지만 동물원 폐장시간이 오후 5시로 다소 이른 편이라 오후 늦게 방문하면 동물을 보기가 힘들 수도 있다.

간단한 스낵코너가 동물원 입구에 있고, 분식코너가 동물공연장 위쪽에 있다. 어린 아이들의 먹을거리는 다양하지 않은 편이므로, 5살 이하 아이들을 동반한다면 아이들의 먹을거리를 준비해가는 것이 좋다. 유모차가 필요한 경우에는 정문 안내 데스크와 후문 매점에서 유모차를 대여할 수 있으며, 대여료는 3,000원이다.

Information

주소 서울시 광진구 능동로 216
문의 02) 450-9311, www.childrenpark.or.kr
이용시간 9:30~17:00(계절 및 날씨 등에 따라 변경 가능)
이용요금 무료, 동물공연장 어른 6,500원, 어린이 5,000원
교통편 ① 5호선 아차산역 4번 출구 ⋯ 어린이대공원 후문
　　　　② 7호선 어린이대공원역 1번 출구 ⋯ 어린이대공원 정문
　　　　① 302, 721, 2222, 3216, 3220, 4212번 버스 ⋯ 어린이대공원 정문 하차
　　　　② 2221, 2232, 3215, 303, 320, 130, 9301, 9403번 버스 ⋯ 어린이대공원 후문 하차
　　　　① 동부간선도로 ⋯ 천호대로 ⋯ 아차산역 ⋯ 어린이대공원 후문
　　　　② 올림픽대로 ⋯ 영동대교 ⋯ 화양고가 밑 우회전 ⋯ 능동사거리에서 좌회전 ⋯ 어린이대공원 정문
　　　　주차정보: 정문(능동문), 서울상상나라 지하 주차장, 후문, 구의문의 4개소에서 주차장을 운영중이다. 5분당 150원

41

바닷속 생태계
탐험하기

우리가 사는 주변의 생물들 외에도 바닷속에도 많은
생물들이 살고 있다는 사실을 한눈에 볼 수 있어서
좋습니다. 아쿠아플라넷은 바다생물들뿐만 아니라
동물들도 있어요. 새들과 동물들의 먹이주기 체험에
참여할 수도 있답니다.

아이가 바다생물에 특별히 관심을 가지는 시기가 있다. 이때 수족관을 방문한다면 아이의 호기심도 충족시켜주고 관심 영역도 더 넓혀나갈 수 있다.

일산에 문을 연 아쿠아플라넷은 외형을 보면 선체와 같아 독특한 느낌이 든다. 아쿠아플라넷 일산은 수족관과 동물원이 함께 있는 것이 특징이다. 바다생물 공간인 '더 아쿠아'와 육지생물 공간인 '더 정글'로 나뉘어 있다.

더 아쿠아 존으로 들어가면 해파리존이 먼저 시선을 끈다. 흐느적거리는 해파리의 길게 늘어진 촉수가 무척 신비롭다. 수족관 가운데에는 메인 수조인 '딥 블루오션'이 있는데 현재 수도권 아쿠아리움 중에서는 최대 크기이다. 거대한 가오리와 상어들이 여유 있게 유영하는 것을 보노라면 정말 이곳이 바닷속이 아닌가 하는 생각이 들 정도이다. 이곳에서는 아쿠아 드림쇼와 딥 블루 오션쇼 등 주요 공연이 있는데 공연시간을 체크해서 관람하면 된다. 물범과 바다코끼리 공연도 하루에 2회 정도 진행된다.

수족관에서 하는 이벤트나 먹이주기 체험을 하고 싶다면 시간을 미리 체크해서 가는 것이 좋다. 다만, 오랫동안 줄서서 기다려야 하는 인기 있는 공연들은 어린 아이들의 경우 기다리는 것을 힘들어하므로 너무 무리하지 않는 게 좋겠다.

메인 수조를 지나 2층으로 올라가면 터치풀이 있다. 닥터피쉬, 불가사

리, 소라 등 바다생물들을 직접 만져볼 수 있는 곳이다. 물에 손을 넣으면 닥터피쉬가 몰려오는데 아이들이 처음에는 간지럽다고 깔깔거리더니 조금 지나면서부터는 그 느낌이 좋은지 가만히 있는다. 체험 전후로 손을 씻을 수 있도록 옆에 세면대와 건조기가 마련되어 있어서 이용하기에 편리하다.

더 정글 존에 들어가면 알락꼬리원숭이를 비롯해, 앵무새, 설치류 카피바라 등이 살고 있다. 앵무새 체험공간인 패럿 빌리지에서는 먹이주기 체험을 할 수 있다. 체험시간이 정해져 있는데 먹이를 손바닥 위에 놓고 줄 수 있다. 처음에는 무서워하던 아이들도 금방 익숙해져서 먹이를 먹는 새들을 열심히 관찰하기도 했다.

수족관 폐장시간은 오후 7시인데 우리는 보통 오후 5시 전후에 가곤 한다. 이 시간에 가면 주말이라도 사람이 붐비지 않아서 여유 있게 관람할 수 있다. 다만 물범이나 바다코끼리 공연을 보려면 낮 시간에 방문해야 한다. 물범 공연을 보러 갔을 때, 조련사 아저씨가 물범과 물개를 직접 비교하면서 그 차이를 설명해준 적이 있었다. 물개와 물범은 팔 길이에서부터 눈에 띄게 차이가 났는데, 아이들도 금방 이해하는 모습이었다.

수족관 건물 옥상에는 스카이 팜이라는 야외공간이 새로 생겼다. 양과 염소 등의 동물들이 있어서, 먹이 자판기에서 건초를 사서 먹이주기 체험을 해볼 수도 있다.

나들이 전후 읽기 좋은 책

『알록달록 물고기』(시공주니어), 『아기 물고기 하양이 시리즈』(한울림어린이), 『하늘로 날아간 물고기』(은나팔), 『호기심 많은 꼬마 물고기』(시공주니어)

Information

주소　경기도 고양시 일산서구 한류월드로 282

문의　031) 960-8500, www.aquaplanet.co.kr/ilsan

이용시간　10:00~19:00, 입장마감 18:00

이용요금　어른 27,000원, 어린이 22,000원(할인이나 패키지권이 있으니 홈페이지 참조), 36개월 미만 무료

교통편　🚇3호선 주엽역 하차 ⋯ 2번 출구에서 도보 15분 ⋯ 원마운트 ⋯ 육교 건너 노래하는분수대 옆 마을버스 089번 환승 ⋯ 아쿠아플라넷 하차

　　🚗자유로 ⋯ 킨텍스IC ⋯ 아쿠아플라넷 일산

　　주차정보: 3시간 무료

42

어른도 신나는
사파리 체험하기

에 버 랜 드 주 토 피 아

아이들이 정말 좋아하는 로스트밸리와 사파리 체험. 가족별로 신청하는 지프차를 타고 사파리에 들어가는 체험을 했는데 몇 년이 지났는데도 아이들이 기억합니다. 동물들에 대한 관심이 생기기 시작할 무렵의 아이부터 어른들도 즐길 수 있는 곳입니다.

3만 5,000평 부지 위에 100여 종, 1,000여 마리의 동물들이 서식하고 있는 에버랜드의 주토피아. 기존의 사파리월드 외에 수륙양용 자동차가 육지와 물을 오가는 로스트밸리가 새로 개장한 이후 더욱 인기가 많은 곳이다. 로스트밸리는 주말 대기시간이 보통 1시간 이상일 정도로 관람객이 많으므로 주말 방문을 계획할 때에는 서둘러 로스트밸리부터 관람하는 편이 좋다. 또, 주토피아에는 여러 가지 체험 프로그램을 진행하고 있는데, 체험 후 로스트밸리 Q-PASS를 주는 체험도 있으므로 방문 계획을 갖고 있다면 홈페이지를 방문하여 체험 프로그램을 살펴보기 바란다.

그동안 에버랜드에서 진행하는 체험 프로그램을 수차례 다녀왔는데, 그 중 버드 파라다이스는 아이들이 좋아해서 두 번이나 갔다. 아기새 먹이주기, 깃털로 브로치 만들기 등을 진행하고, 일반 방문객은 들어올 수 없는 새장에 들어가 새들에게 먹이를 주는 체험을 한다. 처음에는 잉꼬나 홍학을 무서워하던 아이들이 두 번째 방문에는 서로 손에 잉꼬를 올려달라며 줄을 서고, 홍학이 먹이를 먹느라 손바닥을 쪼아도 겁내지 않는다. "엄마, 간지러워요. 아, 손바닥 느낌이 이상해"라며 깔깔깔 웃던 기억이 난다.

한밤중에 사파리에 들어가서 동물들을 만나보는 초식 사파리 야간도보는 아이들 4살 때 참여했던 프로그램이다. 아이들은 기억이 안 난다고 하는데, 솔직히 어른인 내가 더 신기하고 인상적인 모험이었다. 해 지고 난 뒤의 사파리는 마치 야생의 밀림 같았다. 여기저기서 들려오는 동물 울음소리에 조금 무섭기도 했지만, 여름밤 숲속을 걸으며 아기 사자도 만나고, 사막여우와 큰 뱀도 만져보고, 기린에게 풀을 주며 손에 침도 묻혀보고, 얼룩말의 무늬도 코앞에서 보면서 도보로 한 바퀴를 돌아본 이 경험은 두고두고 기억에 남아 여러 사람에게 추천했던 프로그램이다. 몇 년 후 방문했던 싱가폴의 나이트 사파리가 시시할 정도였다. 한동안 이 프로그램이 운영되지 않아 아쉬웠는데, 다시 시작했다는 소식을 들어 반갑다.

로스트밸리가 개장한 후에는 로스트밸리의 백사이드 체험과 동물원 생생체험교실이 새로 생겼는데, 백사이드 체험을 하면 대기 없이 로스트

밸리 수륙양용차를 탑승할 수 있는 Q-PASS를 준다.

체험 프로그램이 아니더라도 작은 동물 먹이주기나 낙타, 말타기도 아이들이 좋아하는 체험이다. 애니멀 원더월드에서는 아기 사자, 호랑이 등 아기 동물을 가까이에서 볼 수 있고 오후 한 차례 동물들을 데리고 나와 보여주고 만져보게 하는 이벤트를 하고 있어 동물을 좋아하는 아이라면 챙겨보길 바란다. 동물을 직접 보고 만지고 하는 것을 더 좋아한다면, 키즈 동물 사랑단 가입도 고려해볼 만하다.

2016년에는 세계 최고 수준이라는 판다체험관 '판다월드'도 개장했는데, 오전 10시부터 오후 6시까지 입장할 수 있고, 하루 총관람객을 1,000명으로 제한한다.

　로스트밸리 방문이 목적이라면 학기 초가 대체로 한가한 편이고, 비가 살짝 오거나 비 오고 갠 날은 대기 없이 바로 입장할 수 있을 정도로 한가하므로 이런 날을 노려보는 것도 좋겠다.

Information

주소　경기도 용인시 처인구 포곡읍 에버랜드로 199
문의　031) 320-5000, www.everland.com
이용시간　홈페이지 참조
이용요금　주간권 기준 대인 46,000원, 소인 36,000원(홈페이지 참조)
교통편　🚆 분당선 기흥역 ⋯ 에버라인(경전철)으로 환승 ⋯ 종점 하차 ⋯ 셔틀버스(무료) 이용

　🚌 5002번, 5700번 버스 또는 정기 관광버스(강남역, 양재역, 영등포, 신도림, JW매리어트, 홍대입구, 신촌역, 시청, 종로3가, 동대문, 신촌, 불광, 사당)

　🚗 마성TG 진입 ⋯ 주차장-정문간 셔틀버스(무료) 수시 운행

　주차정보: 정문 앞 대리주차서비스 이용요금 15,000원

작지만 알찬 박물관, 전시관들

이 시기에는 박물관, 전시관 중에서도 직접 만져보거나 체험해볼 수 있는 곳이 가장 좋다. 체계적이고 깊이 있는 정보나 지식을 얻기보다는 관심을 유도하고 재미를 느낄 수 있게 해줄 수 있는 다양한 박물관을 아이와 방문해보도록 하자.

1. 생명과학박물관

넓지는 않으나 체험할 수 있는 것들이 많아 근처에 간다면 들러볼 만하다. 이곳에는 직접 만져볼 수 있는 동물들도 있는데 뱀, 족제비 등 접하기 힘든 작은 동물들을 만져볼 수 있다.

주소: 서울시 양천구 목동동로 206-1
문의: 02) 2645-0955, www.biom.or.kr

2. 양주 조명박물관

크리스마스 전후에 가면 더 좋은 곳이다. 매년 겨울 시즌에 오픈하는 크리스마스 전시관은 크리스마스의 빛을 주제로 즐길 수 있는 체험전시가 열린다. 볼거리가 풍부하고 체험할 수 있는 것들이 많은데 관람 인원이 많지 않아 여유롭게 다닐 수 있다는 것이 장점이다. 지하 전시장은 빛 상상공간, 과학이 들려주는 빛 이야기, 라이팅 빌리지, 크리스마스 빌리지로 이루어져 있다.

주소: 경기도 양주시 광적면 광적로 235-48
문의: 070) 7780-8911, www.lighting-museum.com

3. 양평 곤충박물관

애벌레를 직접 만져볼 수 있고, 배지 만들기, 탁본 뜨기 등 간단한 체험이 준비되어 있다. 크진 않지만 양평 쪽을 지나간다면 들러볼 만하다. 야외 놀이터도 잘 되어 있어 반나절 정도 즐기기에 좋다.

주소: 경기도 양평군 옥천면 경강로 1496
문의: 031) 775-8022, www.yim.go.kr

4. 부천 자연생태박물관

부천 자연생태공원 내에 있으며, 공룡관이 따로 있어 공룡을 좋아하는 아이라면 가볼 만하다. 박물관 외에도 식물원, 수목원, 어린이동물원이 있으며, 야외에 민속놀이를 할 수 있게 마련해놓았다.

주소: 경기도 부천시 원미구 길주로 660
문의: 032) 625-2813, ecopark.bucheon.go.kr

5. 인천학생과학관

영종도에 위치한 곳으로, 유아부터 초중고 학생까지 폭넓게 관람 가능할 정도로 규모가 크다. 1층에는 6살 미만이 뛰놀 수 있는 어린이 놀이동산과 대형 수족관, 체험 놀이시설이 있고, 층별로 여러 가지 과학 체험을 할 수 있다. 주말 오전 11시 와 오후 2시에는 천체투영실 관람이 가능하다.

주소: 인천시 중구 영종대로 277번길 74-10
문의: 032) 880-0792

6. 인천어린이과학관

서울상상나라, 경기도어린이박물관과 비슷한 시설로 과학관이라기보다는 어린이박 물관에 가깝다. 모래놀이터와 에어바운스, 여러 가지 직업 체험에 과학적인 내용 을 재미있게 놀이터처럼 만들어놓아서 아이들이 무척 좋아하는 곳이며 주말에는 방문객도 많은 편이다. 멀지 않다면 꼭 들러볼 만한 곳이다.

주소: 인천시 계양구 방축로 21
문의: 032) 550-3300, www.icsmuseum.go.kr

7. 인천어린이박물관

문학경기장 북문으로 들어가면 경기장 1층에 청소년성문화센터와 나란히 붙어 있 다. 작지만 자연, 과학, 신체활동, 교구, 책 등이 알차게 준비된 공간이다.

주소: 인천시 남구 매소홀로 618
문의: 032) 432-5600, www.enjoymuseum.org

8. 동아사이언스 과학동아천문대

서울 시내의 유일한 천문대로, 서울 한복판에서 밤하늘의 별빛을 관측할 수 있다. 연령별 다양한 체험 프로그램이 있고, 온라인 예약제로 운영된다.

주소: 서울시 용산구 청파로 109
문의: 02) 3148-0704, star.gongascience.com

9. 한국은행 화폐박물관

시청, 남대문, 서울역 쪽에 나들이를 나간다면 함께 들러보기에 좋다. 과거부터 현 재까지 우리나라는 물론 세계 여러 나라의 다양한 화폐를 전시하고 있다. 하루 두 번 오전 11시, 오후 3시에 도슨트 프로그램이 있으며, 월드컵 기념 주화, 올림픽 기 념 주화 등 쉽게 접할 수 없는 화폐도 만날 수 있다.

주소: 서울시 중구 남대문로 39
문의: 02) 759-4881, museum.bok.or.kr

10. 스위트 팩토리

롯데제과에서 운영하는 과자 박물관이다. 과자를 테마로 다양한 체험을 할 수 있 다는 것이 특징이다. 껌 존, 초콜릿 존, 아이스크림 존 등으로 체험장이 나뉘어져

있고 롯데제과의 제품이 탄생하는 과정을 구경할 수 있어 아이들에게 인기 만점
이다. 5살 이상 아동을 대상으로 홈페이지에서 견학 신청을 받는데 오픈하자마자
마감되기 때문에 서둘러야 한다.
주소: 서울시 영등포구 양평동 21길 10
문의: 02) 2670-6396, www.lotteconf.co.kr/factory

11. 삼성화재 교통박물관

에버랜드 가는 길에 있어서 주말에는 차가 밀리지만 자동차를 좋아하는 아이라면
가볼 만하다. 어린이 교통안전교육은 예약제로 운영되며, 주말 오후 2시, 4시에
가이드 투어가 있고 오후 1시, 3시에는 만들기 프로그램도 운영된다.
주소: 경기도 용인시 처인구 포곡읍 에버랜드로 376번길 171
문의: 031) 320-9900, www.stm.or.kr

12. 철도박물관

의왕시에 있는 철도박물관은 야외에 우리나라의 옛 기차들이 전시되어 있고, 실내
에는 철도의 역사를 알려주는 전시물들이 있다. 철도 모형 디오라마실에서 불을
끄고 기차가 지나가는 모습을 재연해주는 공간이 흥미롭다.
주소: 경기도 의왕시 철도박물관로 142
문의: 031) 461-3610, www.railroadmuseum.co.kr

13. 국립한글박물관

용산 국립중앙박물관 옆에 위치한 곳으로, 한글의 발명과 역사를 살펴볼 수 있
다. 한글문자의 조합을 체험해볼 수도 있어 아이들이 흥미로워한다. 아이들이 가
장 좋아하는 곳은 한글놀이터라는 체험관인데, 이곳은 시간대별로 운영되므로 인
터넷으로 사전 예약하고 가는 것이 좋다.
주소: 서울시 용산구 서빙고로 139
문의: 02) 2124-6200, m.hangeul.go.kr/mobile

14. 경찰박물관

아이들에게 동경의 대상인 경찰관 체험을 해볼 수 있는 특별한 박물관이다. 과학
수사의 단서 찾기, 몽타주 만들기, 지문 비교, 교통 정리 등 여러 가지 체험거리가
아이들의 흥미를 끈다. 아이들을 위한 제복이 마련되어 있으며, 1층에는 경찰차와
오토바이를 탈 수 있는 곳도 있다.
주소: 서울시 종로구 새문안로 41
문의: 02) 3150-3681, www.policemuseum.go.kr

15. 서울역사박물관

경찰박물관을 들렀다면 같이 가보기 좋은 박물관이다. 어린이박물관도 새로이 운
영되고 있는데, 매주 화요일 오후 7시에는 '아빠와 함께하는 전시체험'이라는 전시

해설 프로그램이 운영되고 있으며 방학 중에는 동화구연 프로그램인 말하는 박물
관도 운영되고 있다.

주소: 서울시 종로구 새문안로 55

문의: 02) 724-0274, www.museum.seoul.kr

16. 한국항공대 항공우주박물관

비행기, 우주에 관심 있는 아이라면 좋아할 만한 박물관이다. 특히 시뮬레이션으
로 전투기 조종을 해보는 체험은 남자아이들뿐 아니라 아빠도 좋아하고, 비행기
바퀴를 움직이는 장치를 작동해보는 체험도 아이들이 무척 좋아하는 코너이다.

주소: 경기도 고양시 덕양구 항공대길 100

문의: 02) 300-0466, aerospace2.kau.ac.kr

17. 수도박물관

뚝섬 정수장을 박물관으로 변화시켜놓은 곳이다. 서울숲을 방문하는 길이라면 한
번 둘러보아도 좋다. 수돗물은 어떻게 만들어지는지, 수도시설이 없었을 때에는
물을 어떻게 길어 사용했는지, 물지게, 펌프질, 두레박 등을 체험해볼 수 있다. 산
책로를 따라가면 한강 산책로와도 연결된다.

주소: 서울시 성동구 왕십리로 27

문의: 02) 3146-5921, airisumuseum.seoul.go.kr

18. 의정부과학도서관

3층에 작지만 알차게 꾸민 천문우주체험실이 있다. 우주체험 및 천체관측 프로그
램을 운영하는데 별이나 천체에 관심이 많아지기 시작하면 가볼 만하다. 3D영화
를 관람할 수 있는 공간도 있고 별자리 이야기를 영화로 보여준다.

주소: 경기도 의정부시 추동로 124번길 52

문의: 031) 828-8670, www.uilib.net

19. 서울애니메이션센터

남산길을 둘러본다면 아이들과 방문하기 좋은 곳이다. 외부에는 태권브이부터 시
작해서 요즘 아이들이 좋아하는 뽀로로, 타요, 라바 등의 캐릭터가 전시되어 있
고, 실내에는 애니와 캐릭터 체험실이 있다. 애니매이션 영화도 시간대별로 상영되
고, 어른들을 위한 전시회도 있어 가족 나들이에 좋은 곳이다.

주소: 서울시 중구 소파로 126

문의: 02) 3455-8341, www.ani.seoul.kr

20. 현대모터스튜디오

현대자동차에서 새롭게 만든 체험 홍보관이다. 크지는 않지만 자동차 부품들이
전시되어 있고, 새로 나온 현대자동차 모델도 시승 가능하다. 4층에는 아이들을
위한 자동차 경주 게임과 만들기 프로그램을 운영하고 있으며, 2층에는 작은 자

동차도서관도 마련되어 있다. 자동차를 좋아하는 아이들과 들러볼 만하다.

주소: 서울시 강남구 언주로 738
문의: 02) 542-3322, motorstudio.hyundai.com

21. BMW드라이빙센터

영종도에 생긴 BMW자동차체험관으로 아이들뿐 아니라 성인을 위한 드라이빙 체험 프로그램이 있어 차를 좋아하는 아이뿐 아니라 어른도 즐거워하는 곳이다. 1층에는 BMW의 다양한 자동차들이 전시되어 있고, 타볼 수도 있다. 미취학 아동은 야외체험장에 마련된 키즈 드라이빙 스쿨을 체험해볼 수 있으며, 큰 아이들은 온라인 예약을 통해 워크숍과 실험실 프로그램도 이용할 수 있다. 겨울에는 야외에 스케이트장이 운영되고, 야외 놀이터도 아이들이 무척 좋아한다.

주소: 인천시 중구 운서동 1677-77
문의: 080) 269-3300, www.bmw-driving-center.co.kr

22. 디지털 파빌리온

미래 세상을 체험하고 IT 기술의 발전을 느낄 수 있는 곳이다. 아이들은 그저 재미로 생각하지만, 어른이 봐도 신기한 기술들이 많다. 전시관 관람은 3일 전까지 홈페이지에 온라인 예약을 하면 무료로 관람할 수 있다. 방학에는 초등생을 위한 로봇, 항공기 등의 체험교실도 운영되니, 큰 아이가 있다면 더 좋아할 듯하다.

주소: 서울시 마포구 월드컵북로 296 누리꿈스퀘어
문의: 02) 2132-0500, www.digitalpavilion.kr

23. 서울시립천문대

서울시에서 운영하는 천문대이다. 매달 20일경 홈페이지에서 예약제로 운영되며 가격도 저렴하여 부담 없이 방문해볼 만하다. 규모가 크지는 않지만 서울시내에서 계절별 별자리를 찾아보기에 좋고 시설도 잘 되어 있다. 예약제로 운영되어 붐비지 않으며, 원형 돔에서 보는 동영상은 그리스 로마 신화와 연결시켜 아이들 수준에 맞는 애니메이션으로 제작되어 있어 흥미롭다. 야외에서 보는 관측은 우천시에는 다른 실내 프로그램으로 대체되기도 한다.

주소: 서울시 광진구 구천면로 2
문의: 02) 2204-3190, www.astroseoul.or.kr

24. 차카차카놀이터

앞을 보지 않고 청각과 진동 신호를 통해 아이들이 직접 운전해보는 자동차 놀이터이다. 서울대공원 안에 위치해 있다. 자동차를 테마로 한 작은 놀이터도 있고 멸종 위기 동물 이야기를 들려주는 산책로도 있다. 매년 3월부터 11월까지 운영하며, 현대자동차 키즈현대 사이트를 통해 무료로 예약 가능하며, 현장에서는 잔여분에 한해 신청할 수 있다. 월요일은 휴무이다.

주소: 경기도 과천시 막계동 159-1번지

문의: 010-7753-5661, kids.hyundai.com

25. DDP디자인놀이터

DDP디자인놀이터는 어린이들이 디자인의 개념과 원리, 창작 체험을 통해 창의력과 융합적 사고를 자연스럽게 배울 수 있도록 마련된 공간이다. 일상 속의 창의성을 스스로 발견할 수 있게 하며, 체험형 전시물에서 다양한 체험이 가능하다. 체험 전문 도슨트와 운영 교사들이 전시 해설과 체험 프로그램에서 도움을 주고 있다. 동대문디자인플라자(DDP) 살림터 4층에 위치하고 있다.

주소: 서울시 중구 을지로 281 동대문디자인플라자 살림터 4층
문의: 02) 2153-0604, www.ddp.or.kr

엄마! 우리 어디 가?

ⓒ 문화라, 최호경 2016

초판 발행 2016년 6월 8일

지은이 문화라, 최호경
펴낸이 김정순
책임편집 오세은
디자인 김수진 김진영
마케팅 김보미 임정진 전선경

펴낸곳 (주)북하우스 퍼블리셔스
출판등록 1997년 9월 23일 제406-2003-055호
주소 04043 서울시 마포구 양화로 12길 16-9(서교동 북앤드빌딩)

전자우편 editor@bookhouse.co.kr
홈페이지 www.bookhouse.co.kr
전화번호 02-3144-3123
팩스 02-3144-3121

ISBN 978-89-5605-657-9　13590

이 도서의 국립중앙도서관 출판시도서목록(CIP)은 서지정보유통지원시스템 홈페이지
(http://seoji.nl.go.kr)와 국가자료공동목록시스템(http://www.nl.go.kr/kolisnet)에서
이용하실 수 있습니다.(CIP제어번호:CIP2016012557)